CHUTE DES CORPS ET MOUVEMENT DE LA TERRE

DE KEPLER A NEWTON

(Histoire et documents d'un problème)

Sur la couverture, la statue de Copernic à Toruń

L'HISTOIRE DES SCIENCES
TEXTES ET ÉTUDES

Alexandre KOYRÉ

CHUTE DES CORPS ET MOUVEMENT DE LA TERRE
DE KEPLER A NEWTON

(Histoire et documents d'un problème)

Traduit de l'anglais par Jacques Tallec

PARIS
LIBRAIRIE PHILOSOPHIQUE J. VRIN
6, PLACE DE LA SORBONNE, V^e^

—

1973

AVERTISSEMENT

En permettant aujourd'hui la publication de la traduction française de ce petit volume, l'American Philosophical Society rend un grand service à la communauté savante internationale.*

Le sujet auquel Alexandre Koyré avait consacré la constitution du présent dossier est en effet d'un intérêt considérable par rapport à la crise de la science classique qui a abouti au début de notre siècle à la Relativité. Il concerne la question de savoir si des expériences de Mécanique à la surface de la Terre sont susceptibles de mettre en évidence le mouvement de celle-ci, question déjà posée certes par la résistance de la tradition aristotélicienne au système de Copernic à la fin du XVIe siècle, mais qui a pris un caractère plus aigu au cours de la première moitié du XVIIe siècle.

Le traitement séparé qu'Alexandre Koyré avait constaté nécessaire pour ce problème et qui constituait le complément naturel de ses ouvrages plus généraux sur la révolution de la science positive, est donc une pièce maîtresse pour la culture de notre temps.

Il n'est pas douteux que pour une édition nouvelle en traduction française, Alexandre Koyré aurait apporté diverses retouches, notamment en ce qui concerne toutes les discussions des auteurs italiens auxquelles est consacrée la deuxième partie du dossier. Il va de soi que nul ne pouvait s'autoriser à se substituer à l'auteur, et tout spécialement à propos de la partie la plus originale de son apport.

Tel quel, le dossier rassemblé par Alexandre Koyré, accompagné de l'analyse conceptuelle très fine et très sûre qui lui était coutumière, est manifestement une source précieuse pour

* Alexandre KOYRÉ, *A Documentary History of the problem of fall from Kepler to Newton, De motu gravium naturaliter cadentium in hypothesi Terrae motae,* Transactions of the American Philosophical Society, New Series, volume 45, part 4, Philadelphia, 1955.

la connaissance indispensable aux philosophes et aux scientifiques d'aujourd'hui.

M. Jacques Tallec a assuré la traduction avec tout le soin qu'une amitié de longue date lui inspirait immédiatement. En lui apportant leur concours, l'Académie Internationale d'Histoire des Sciences et le Centre Alexandre Koyré de l'École Pratique des Hautes Études VIe Section, sont heureux d'avoir répondu aux vœux de Mme Koyré pour cette importante contribution à l'œuvre posthume d'un maître éminent.

La Librairie Philosophique Vrin en a assumé la réalisation, de qualité familière au public cultivé, dans le cadre de sa Collection d'Histoire et de Philosophie des Sciences.

Pierre COSTABEL.

[Note d'édition] Par suite d'un défaut initial de dactylographie, le mot « terre » a constamment été reproduit avec une minuscule. Pour éviter des frais importants de corrections sur épreuves et sur un point où le lecteur n'est pas induit en erreur, le texte a été laissé conforme à la frappe d'origine.

I. — INTRODUCTION

Il est bien connu que ce fut l'invitation, adressée par Hooke à Newton (le 24 novembre 1679) pour la reprise de sa correspondance scientifique avec la Royal Society, ou plus exactement que ce fut la réponse de Newton, où il tentait de déterminer la trajectoire d'un corps qui tombe du sommet d'une haute tour, puis les critiques de Hooke et la polémique qui s'ensuivit, qui détournèrent l'esprit de Newton d' « autres questions » et le ramenèrent à l'étude de la mécanique terrestre et céleste [1].

On sait moins que le problème discuté entre ces deux grands savants — la trajectoire de la chute des corps *dans l'hypothèse du mouvement de la terre* — avait derrière lui une histoire assez longue, compliquée et extrêmement intéressante [2]. Une histoire qui nous révèle quelques-uns des obstacles psychologiques et épistémologiques qui barraient la route à la science nouvelle du XVIIe siècle ; une histoire qui nous montre combien il était difficile, même à des esprits aussi révolutionnaires que Galilée et Newton, de se libérer de l'influence conjointe de la tradition et du sens commun, de tirer — et accepter — les conséquences inévitables de leurs propres concepts fondamentaux. D'accepter par exemple que, en un certain sens — différent à vrai dire de celui qu'il avait lui-même dans l'esprit — Aristote avait

(Les notes du traducteur sont signalées par l'indication [N. T.])

1. Cf. W.W. R. Ball, *An Essay on Newton's Principia,* Londres, Macmillan, 1893 ; Jean Pelseneer, Une lettre inédite de Newton, *Isis,* 12(38), 1929 ; et mon mémoire, An unpublished letter of Robert Hooke to Isaac Newton, *Isis,* 1952 (traduction française dans A. Koyré, *Études Newtoniennes,* Paris, Gallimard, 1968).

2. Sur l'histoire du problème (après Newton), cf. A. Armitage, The deviation of falling bodies, *Annals of Science,* 5, 1947.

raison dans son objection classique contre le mouvement de la terre ; à savoir que — n'en déplaise à Copernic et Galilée — certaines choses se produiraient (ou se produisent effectivement) sur une terre en mouvement, qui ne se produisent (ou ne se produiraient) pas sur une terre immobile ; qu'il avait même plus raison qu'il ne le pensait : que non seulement une pierre lâchée au sommet d'une tour ne tombera jamais au pied de cette tour, mais (qui pis est) qu'un corps en chute libre — même si la terre était perméable — n'atteindrait jamais le centre de la terre, mais tournerait éternellement autour de lui.

A l'exception de Borelli, personne ne parvenait même à saisir une conséquence aussi absurde ; et personne — même pas Newton au premier abord — ne pouvait l'accepter comme vraie. C'est là ce qui, bien davantage que la difficulté intrinsèque du problème, empêcha des hommes tels que Galilée et Fermat, Mersenne et Borelli d'arriver à la solution exacte du problème de la détermination de la trajectoire de la chute des corps *dans l'hypothèse du mouvement de la terre.*

L'histoire de leurs tentatives de solution — et de leurs erreurs — est donc l'histoire du combat sans relâche de l'esprit humain contre lui-même. Histoire attristante et captivante.

C'est cette histoire que je vais tenter de raconter ici, et, comme (à peu d'exceptions près) les textes dont je traite émanent d'auteurs oubliés depuis longtemps et sont ensevelis dans des ouvrages accessibles seulement dans les bibliothèques les plus grandes et les plus anciennes [2a], je citerai abondamment les représentants de cette *ignota litteratura.* A mon avis, il est non seulement très utile, mais indispensable, de placer sous les yeux du lecteur les « pièces du procès ».

2a. Ainsi ni la Bibliothèque Nationale, ni le British Museum ne possèdent la collection complète de ces ouvrages.

II. — KEPLER, LOCHER, GALILÉE

En fait, dans sa première lettre à Hooke, Newton ne prétendait pas résoudre complètement le problème de la trajectoire d'un corps qui tombe vers la terre (en mouvement) à partir d'un point fixe situé à un niveau plus élevé. Il voulait seulement lui expliquer les fondements théoriques de l'expérience qu'il proposait à la Royal Society et le résultat auquel il s'attendait, à savoir que ce corps dévierait vers l'est (et non l'ouest) de la tour.

Néanmoins il disait à Hooke que la trajectoire de chute du corps serait une *spirale.* Et il joignait à sa lettre un dessin de cette spirale, qui la montre clairement se terminant au centre de la terre[2b] (fig. 1).

Suivant une hypothèse de J. H. Hagen[3] :

2b. [N.T.] La figure 1 de la présente traduction reproduit celle que contient le Ms R. 4. 48 1, Trinity College Library, Cambridge. Cf. J. A. Lohne, The increasing conception of Newton's diagrams, *History of Science,* vol. 6, 1967, p. 74. M. Lohne discute soigneusement l'existence d'un point d'inflexion sur la branche AE et on ne peut que renvoyer à son étude.

3. J. H. Hagen, *La rotation de la terre, ses preuves mécaniques anciennes et modernes,* Rome, 1911 : « L'idée de dessiner cette spirale peut lui avoir été suggérée par un passage de l'*Epitome Astronomicae Copernicae* de Kepler, paru en 1616 (*Opera Omnia,* VI, 1, 1865, p. 182), où est représentée une courbe ressemblant à une spirale. Le sens que Kepler attachait à cette courbe est assez incertain, mais pourrait peut-être s'éclairer par les passages d'auteurs antérieurs à Copernic. Léonard de Vinci s'était occupé du problème suivant : " Du grave descendant dans l'air ; les éléments étant animés d'un mouvement de circonvolution dont l'entière révolution a lieu en 24 heures. " Le texte est accompagné d'une sorte de spirale qui commence " de la partie la plus élevée de la sphère du feu " et se termine à la surface de la terre. Le but de cette figure est de montrer que la trajectoire du grave, bien que rectiligne, absolument parlant, prend en apparence la forme d'une spirale, par suite de la rotation des sphères célestes. La spirale de Léonard est reproduite et expliquée dans un ouvrage récent de P. Duhem, *Études sur Léonard de Vinci ; ceux qu'il a lus et ceux qui l'ont lu* (Paris, 1908), pp. 252-255 ». Cf. J. Pelseneer, Une lettre inédite de Newton, *Isis,* 12(38) : 241, n. 15, 1929.

l'idée de dessiner cette spirale peut lui avoir été suggérée par un passage de l'*Epitome Astronomicae Copernicanae* de Kepler... où est représentée une courbe ressemblant à une *spirale.*

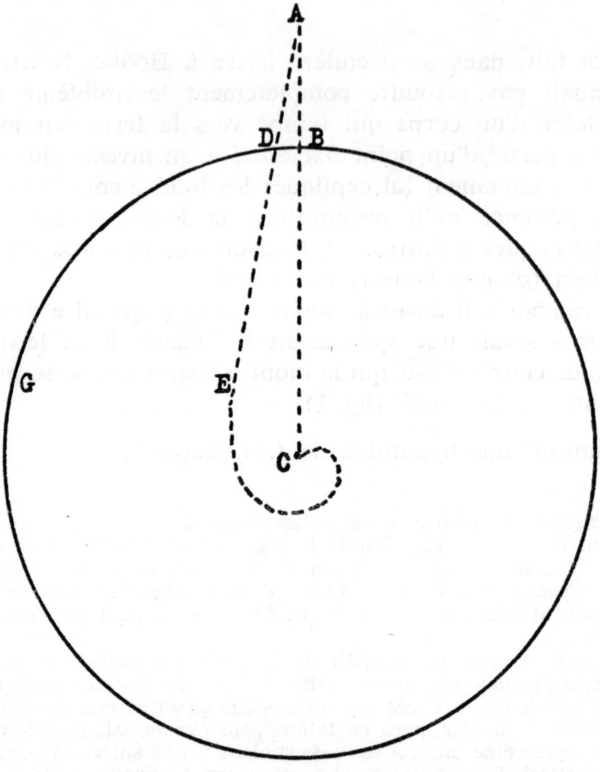

FIG. 1

Cela est bien entendu très possible, quoique Newton ait pu, comme nous le verrons, trouver son inspiration dans des dessins plus récents. En fait, pour ce qui est de la courbe de Kepler, (*a*) ce n'est pas une spirale, (*b*) elle n'atteint pas le centre de la terre, (*c*) elle représente d'une manière très grossière la trajectoire de chute d'un corps à partir d'un point situé non sur la terre, mais dans le ciel[4]. Le sens de ce dessin, dont il est surprenant que Hagen l'estime « assez incertain », est donc fort différent de celui de Newton. Il vise à montrer qu'un corps tombant vers la terre ne décrira ni une droite (comme Aristote le pensait), ni une ligne ondulée, comme quelqu'un (peut-être Locher) l'affirmait. Ce corps, soumis à l'influence de la force quasi magnétique (attractive) de la terre *(raptus)* y obéira, parce que tiré par la terre et tiré plus fortement s'il s'en approche davantage. Cela implique que, au moment où il touchera terre, le corps ne tombera, ni à l'endroit qui *était* exactement sous son point de départ à l'instant initial du mouvement — cet endroit s'est maintenant déplacé loin vers l'est — ni à l'endroit qui est *maintenant* exactement sous le point initial du mouvement — lequel sera maintenant plus à l'ouest — mais entre les deux. En d'autres termes, le corps qui tombe sera « en retard » sur la terre en mouvement, mais pas autant que les Aristotéliciens le pensaient. Il ne sera certainement pas en avance sur le mouvement de la terre[5].

Les considérations et le dessin de Kepler, même s'ils n'ont pas directement influencé Newton, nous prouvent de toute façon quc le problème de la détermination de la trajectoire réelle — curviligne — de la chute des corps était aigu au commencement du XVIIe siècle.

4. Hagen vise le texte suivant : J. Kepler, *Epitome Astronomiae Copernicanae,* 182, *Opera Omnia,* éd. Frisch, Frankoforti, 1865, *Quae est ergo genuina figura motus gravium respectu spatii mundani ? :*

« Quidam sedulus astronomiae cultor, sed non satis consideratus, pingit casum lapidis versus terram cis et ultra perpendiculum serpentinis flexibus fluctuantem, ut flexus numeri respondeant gyrationibus telluris, interim dum lapis in casu est ; nec perpendit quod lapis desertus a partibus Terrae, quibus erat initio perpendicularis ; veniat in raptum succedentium vicinarum partium, semper in illam plagam deflexo lapsu, in quam volvitur Tellus, initio parum, in fine magis magisque, quia raptus ex propinquo est fortior.

» Itaque figura motus gravium, si eorum aliquid ex coeli loco remotissimo versum Terram, in une certo loco rotatam, decideret, esset propemodum iste qualis his rudi Minerva depictus est, ubi circulo Terrae in 14 partes diviso, linea casus in totidem sed inaequales, supra breves, infra longiores, partes circuli ordine, trahendi munere defunctae, ad sua pristina loca redierunt, tres solum residuae, praeventae fine lapsus, non traxerunt perpendiculariter. » Cf. fig. 2.

5. Sur la théorie keplérienne de l'attraction et du *raptus,* cf. mes *Études Galiléennes,* 3, *Galilée et la loi d'inertie,* pp. 26-44, Paris, 1939 ; 2e éd., Paris, Hermann, 1966.

Dans une de ses excellentes introductions aux inédits de Fermat, M. Cornélis de Waard relève une autre étude du même problème, étude contemporaine et même un peu antérieure à celle de Kepler [6]. Il attribue cette étude (se conformant en cela à une tradition qui remonte à Galilée) à Christophe Scheiner. A juste titre, il reconnaît à cette étude une grande importance, (*a*) parce qu'elle avance l'idée que la trajectoire de chute sera une spirale (et même des spirales différentes selon que le corps est sur l'équateur ou sur différents parallèles terrestres), et (*b*) parce que cette étude est citée par Galilée (qui aurait dû en tirer profit, ce qu'il n'a pas fait).

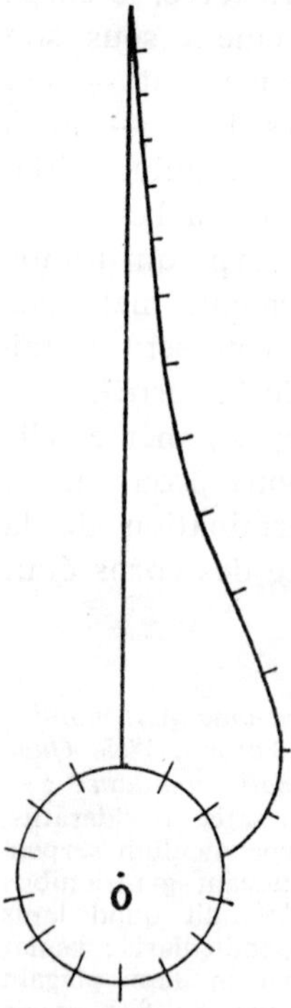

(Kepler) FIG. 2

L'auteur de ces *Disquisitiones Mathematicae,* très intéressantes historiquement, sur lesquelles Cornélis De Waard a attiré notre attention, n'est en réalité pas Christophe Scheiner, qui se borna à présider aux *Disquisitiones* (tenues en 1614), mais son élève Johann Georg Locher [7]. En outre, l'auteur n'affirmait pas positivement qu'un corps tombant vers la terre, ou plus exactement vers le centre de la terre, décrirait réellement une spirale (dans un plan ou sur un cône). Il n'émettait cette assertion que sous forme hypothétique : telle serait la trajectoire du corps *si la terre se mouvait,* et il en tirait une objection contre les Coperniciens. En outre, il commit, au cours de la détermination de cette trajectoire de chute, hypothétique, de

6. Cf. *Œuvres de Fermat,* Supplément aux tomes I-IV, documents inédits publiés avec notices sur les nouveaux manuscrits par M. C. de Waard, « Écrit anonyme sur la spirale de Galilée, son attribution à Fermat », Paris, Gauthier-Villars, 1922, pp. 1-19.

7. Voici le titre complet de l'ouvrage de Johannes Locher : *Disquisitiones mathematicae de controversiis et novitates astronomicis. Quas, Sub Praesidio Christophori Scheineri, De Societate Jesu, Sacrae linguae*

graves erreurs qui lui valurent de mordants sarcasmes de la part de Galilée[8]. Après Galilée, personne (même pas le Père Mersenne ou le Père Riccioli, bien que tous deux les citent) n'a plus consulté les *Disquisitiones*[9], mais ils semblent même emprunter au *Dialogo* leurs citations. Il nous faut donc restituer l'ouvrage à son auteur et citer textuellement le passage en question.

Après avoir expliqué qu'un corps doit nécessairement dans sa chute décrire une droite dirigée vers le centre de la terre (ou de l'univers), Locher poursuit[10] :

et matheseos in Alma Ingolstadiensi Universitate, Professore Ordinarij, Publice Dusputandas, posuit propugnavit Mense Septembri, Die... Nobilis et Doctissimus invenis, Johannes Georgius Locher, Boius Monacensis, Artium et Philosophiæ Baccalaureus, Magisterii Candidatus, Iuris Studiosus, Ingolstatii, 1614.

8. Cf. Galileo Galilei, *Dialogo dei due massimi sistemi del mondo,* 145-149. *Opere,* Edizione Nazionale, 7.

[N.T.] Toutes les indications de pagination ci-après relatives aux citations du *Dialogo* se réfèrent au tome 7 de l'*Edizione Nazionale.*

9. Il est bien entendu possible que Scheiner, maître de Johann Locher, ait été aussi l'inspirateur de l'ouvrage. C'est même probable, et cela expliquerait que Galilée ait attribué les *Disquisitiones* à Scheiner lui-même et ridiculisé le maître de préférence au disciple.

10. *Disquisitiones mathematicae,* 29 : « His positis ; necesse est terra circulariter mota omnia ex aëre eidem *perpendiculariter* imminentia, cum eadem circumferri motu per omnia proportionali. Igitur dum terra BNX in axe νλ circumvolutatur, a B per X in B ; interim sphaerula A puncto B, et sphaerula γ puncto ι, et sphaerula ν polo terrae incontinenter super imminens, etiam circumagetur, eodemque tempore periodum absoluet quo puncto terrae B, ι et polus, illis subiecta. Quod si hasce pilas aequales ponemus pondere, magnitudine, gravitate, et in concavo sphaerae Lunaris positas, libero descensui permittamus, si motum deorsum aequemus celeritate motui circum (quod tamen secus est, cum pila A apud concavum Lunae motu horario circularis confectura sit milliaria germanica minimum 12600, duodecies mille sexcenta, in nostro vero climate Pila γ milliaria 8431 octies mille, quadrigenta, triginta et unum, ex sententia Copernici, [*a*] et multo magis [*b*] Maestlini eius sectatoris ; (cui tamen cursui impossibile est celeritate aequari descensum rectum, etc.) elabentur minimum (ut multum cedamus adversariis) dies sex : quo tempore sexies circa terram et cum terra in aëre libero vertetur pila A, eo quod semper insistat puncto suo B, et toties pila γ : quae dum viginti quattuor horis perveniat in α circulata est ex γ in Z, horis duodecim, et ab hoc demum in α quo rursus tendit in β, et ex hoc in γ uno die ; et sic cum terra versabitur proportionaliter, ex γ in ε per δ ex ε in η per ζ ; ad θ, ad ι, ad κ, ad C in Centrum universi. Eodem fieret in simili proportione, cum avibus, fumo, igne, nubibus, aliisque in aere libro ad horas integras subinde immobilis pendulis. »

Locher complète son raisonnement par un dessin, que Galilée ne reproduit pas, et qui présente de l'intérêt. La reproduction que nous en donnons a été simplifiée.

Cela posé, il est nécessaire que, sur une terre mue circulairement, tout ce qui tend à tomber de l'air vers elle perpendiculairement soit entraîné en même temps qu'elle et d'un mouvement qui soit à tous [égards] proportionnel. Donc, tandis que la terre BNX [fig. 3] tourne autour de l'axe νλ de B en B en passant par X, la petite sphère A tendant incontinent au point B, la petite sphère Y au-dessus du point ι et la petite sphère ν au

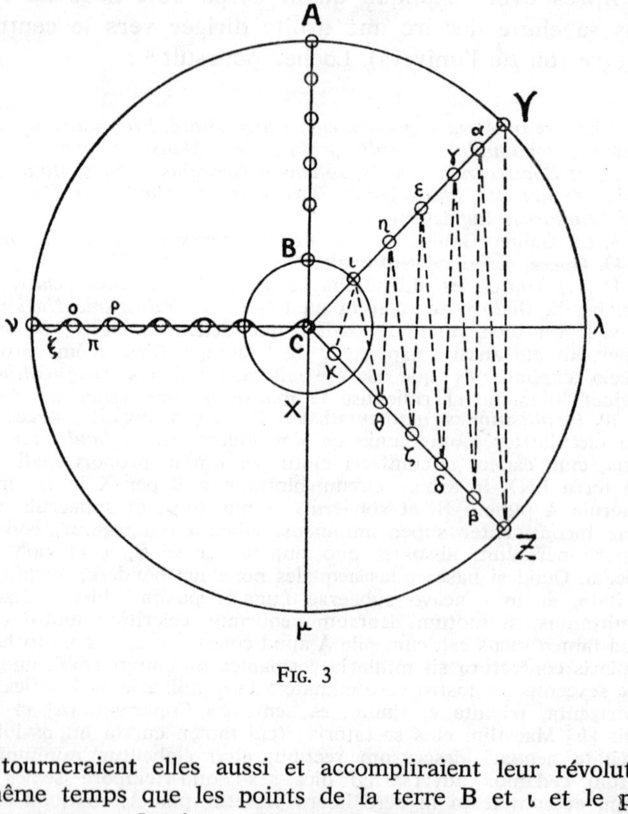

FIG. 3

pôle tourneraient elles aussi et accompliraient leur révolution en même temps que les points de la terre B et ι et le pôle situés sous ces [petites sphères]. Supposons que ces boules, de même poids, de même forme et gravité aient été placées sur l'orbe lunaire, et soient lâchées en chute libre, et admettons que le mouvement vers le bas et le mouvement circulaire aient des vitesses égales. [Bien qu'il en soit autrement sur l'orbe lunaire, puisque la boule A traverserait en son mouvement circulaire horaire au moins 12 600 milles allemands et la boule Y à notre latitude 8 431 (chiffres déduits de l'enseignement *a)* de Copernic et *b)* qu'on devrait encore majorer si l'on suit son disciple Maestlin), et qu'il est impossible que la descente puisse avoir une vitesse aussi considérable.] La descente prendrait (afin de concéder le maximum aux adversaires) au moins six jours : pendant ce temps, la boule A ferait six fois le tour de la terre, tournant en même temps que la terre elle-même, de façon à se trouver toujours exactement au-dessus de son point B ; et il se produirait à six reprises aussi que la boule Y parviendrait en vingt-quatre heures en α (allant de Y en Z en douze heures et revenant de Z en α), puis de α en β avec retour à γ en un jour, puis (en tournant en même temps que la terre) de γ en ε en passant par δ, de ε en η en passant par ζ, de η en ι en passant par θ, de ι au centre du monde C en passant par K. Et il en irait semblablement avec la proportion convenable pour les oiseaux, la fumée, le feu, les nuages ou tous autres objets qui demeurent immobiles pendant des heures entières à l'air libre au-dessus de la terre.

Mais, pense Locher, il n'y a évidemment aucune raison pour que des corps se comportent de façon aussi étrange et incroyable ; et il conclut par une question purement rhétorique [11] :

Pourquoi le centre de la sphère A qui tombe décrit-il une spirale à l'intérieur d'un cercle, le centre de la sphère Y la même spirale tracée sur un cône, et le centre de la petite sphère ν une droite confondue avec l'axe, tandis que par son point extrême ν elle décrit une ligne hélicoïdale tracée sur la surface d'un cylindre ?

Le raisonnement de Locher est un curieux mélange de pénétration et de quiproquo [12]. Dans sa tentative de déduction des conséquences de la thèse copernicienne, il a mani-

11. *Disquisitiones mathematicae,* p. 33 : «Quare centrum spherae A delapsae *spiram describit in unico circulo ? Sphaerae Y centrum eandem spiralem lineam designat in cono ? Spherulae* ν *centrum, rectam lineam axi congruam designat, ipsa extremo puncto suo* ν, lineam giralem decurrens, in superficie cylindrica consignatam ? » (Les italiques sont de moi.)

12. Par exemple : le vain plaisir de calculer la vitesse (hypothétique) d'une boule placée sur l'orbe lunaire, vitesse égale à celle de l'orbe lunaire dans l'hypothèse de *l'immobilité de la terre ;* ou la supposition d'une chute perpendiculaire à la surface de la terre en mouvement ; ou le calcul erroné de la durée de la chute, etc., etc...

festé une pénétration peu commune et Galilée aurait dû lui prêter plus d'attention. Nous savons qu'il n'en fut malheureusement rien. Galilée négligea même de discuter la conception de Locher, bien qu'il en ait placé un compte rendu soigné et parfaitement exact dans la bouche de Simplicio. Galilée, poussé de toute évidence par les nombreuses fautes et les erreurs grossières des *Disquisitiones* (par exemple l'idée qu'un corps tombant sur la terre à partir de l'orbe lunaire mettrait au moins six jours pour atteindre la surface de la terre, même s'il tombait avec la vitesse avec laquelle l'orbe lunaire tourne autour de la terre dans un mouvement diurne [13]) à en faire sa tête de turc dans la critique des arguments anticoperniciens contre le mouvement de la terre, tourne en ridicule la totalité de l'ouvrage. Au surplus, pouvait-il sortir quelque chose de bon de la plume — ou d'un élève — de Christophe Scheiner ? Aussi, au cours des discussions du second jour du *Dialogue sur les deux plus grands systèmes du monde,* et après avoir mentionné l'existence d'un merveilleux petit livre qui renverse complètement les élucubrations des Coperniciens, Simplicio en cite les arguments, dont certains, dit-il, sont tout à fait nouveaux. Par exemple [14] :

Je commencerai par les objections que je trouve dans le Traité des Conclusions... Il déploie d'abord de grands efforts pour calculer exactement combien de milles parcourt à l'heure un point du globe terrestre situé à l'équateur et combien de milles parcourent d'autres points situés sur d'autres parallèles ; il ne se contente pas de calculer ces mouvements en heures, mais pousse ses calculs jusqu'à la minute et même à la seconde ; bien plus, il démontre combien de milles un boulet de canon parcourrait dans le même temps, s'il était placé sur la surface de l'orbe lunaire, en le supposant aussi grand que Copernic lui-même le représente, pour priver l'adversaire de toute échappatoire.

13. Il lui faudrait en ce cas moins de quatre heures, ainsi que Galilée le souligne avec malignité ; cf. *Dialogo, loc. cit.*

14. *Dialogo,* 145.

[N.T.] A. Koyré cite le *Dialogo* dans la traduction anglaise de T. Salusbury (Londres, 1662), et, dans sa note 27, il en corrige un passage qui ne rend pas fidèlement le texte de Galilée. Notre traduction française donne d'emblée un texte tenant compte de la rectification d'A. Koyré.

Mais, après avoir fait cette supputation si ingénieuse et élégante, il montre qu'un corps grave en chute libre à partir de ce point de départ mettrait plus de six jours à atteindre le centre de la terre, vers lequel se meuvent naturellement tous les corps graves. Or, si par le fait de l'absolue Puissance Divine ou d'un ange se réalisait le transport là-haut d'un gros boulet de canon qui (une fois placé à notre zénith) serait lâché, il est, selon lui et aussi selon moi, tout à fait incroyable que, au cours de sa descente, ce boulet se maintiendrait sur notre verticale, continuant ainsi à tourner comme la terre autour du centre de cette dernière, pendant tant de jours, en décrivant à l'équateur une spirale contenue dans le plan du grand cercle lui-même, et, sur tous les autres parallèles, des spirales tracées sur les cônes, et, sous les pôles, en tombant suivant une simple ligne droite. Dans le passage qui suit, il établit et confirme cette grande improbabilité en avançant, sous forme d'interrogations, beaucoup de difficultés que ne peuvent écarter les tenants de Copernic...

Le compte rendu de Simplicio est parfaitement fidèle, comme on peut le voir par le texte de Locher que j'ai cité [15]. En tant qu'argument contre la doctrine copernicienne, il est de toute évidence sans valeur, parce que basé sur deux suppositions fausses, à savoir : (*a*) que, si la terre tournait, le monde sublunaire tout entier tournerait avec elle, et (*b*) que, dans ce cas, un corps qui tombe vers la terre, bien que décrivant dans l'espace absolu une spirale plane ou conique, décrirait néanmoins par rapport à la terre (au cours de sa chute) une ligne parfaitement droite (la verticale). Cependant, il n'y a pas de raison d'écarter cette argumentation avec autant de légèreté que le fait Galilée qui, après avoir cité (inexactement) la question finale de Locher (question toute rhétorique) [16] :

Quare centrum spherae delapsae sub aequatore spiram describit in ejus plano ? Sub aliis parallelis spiram describit in cono ? Sub polo descendit in axe, lineam gyralem decurrens in superficie cylindrica consignatam ?

15. Cependant, Locher ne parle ni de boulet de *canon*, ni d'ange qui le transporterait sur la surface de la lune.

16. *Dialogo*, 214, 237, cf. note 11, où le texte même des *Disquisitiones* est cité.

répond :

Parce que, parmi les lignes tracées du centre à la circonférence de la sphère, qui sont celles que suivent les graves dans leur chute, celle qui aboutit sur l'équateur dessine un cercle et celles qui aboutissent sur d'autres parallèles décrivent des surfaces coniques ; tandis que l'axe ne décrit rien, mais demeure ce qu'il est. Et, si je puis me permettre d'énoncer mon jugement, je dirai que je ne puis tirer de toutes ces questions aucune conclusion qui contredise le mouvement de la terre ; car, si je demandais à cet auteur (en lui accordant que la terre ne se meut pas) ce qui se produirait dans tous les cas considérés, s'il était vrai (comme l'affirme Copernic) qu'elle se meut, je suis tout à fait persuadé qu'il dirait que se produiraient alors les effets mêmes dont il a allégué la prétendue impossibilité à l'encontre de la mobilité de la terre [17] ; de sorte que, aux yeux de cet homme, de nécessaires conséquences sont des absurdités : mais, je vous en prie, débarrassons-nous du reste, s'il y en a, et libérons-nous rapidement de cette tâche fastidieuse.

La solution hypothétique par Locher du problème de la trajectoire des corps graves en chute libre vers le centre de la terre (dans l'hypothèse du mouvement de la terre) était certes mauvaise. Mais il est permis de se demander si celle avancée par Galilée en personne lui était préférable. Galilée la présenta d'abord à titre de tentative dans sa lettre à (ou plutôt contre) Francesco Ingoli, et plus tard dans son *Dialogo*, où il déclara expressément qu'elle était, sinon vraie, du moins très proche de la vérité.

Certes, il était très aisé de réfuter les objections des anticoperniciens [18]. Afin d'expliquer pourquoi — si la terre se meut — les corps tombant (ou jetés) du sommet d'une tour suivent une ligne droite et ne « prennent pas de retard », Copernic lui-même était obligé d'invoquer la « communauté de nature » de tous les corps qui constituent la

17. Cette affirmation de Galilée est fort étrange, car bien entendu les « effets » déduits par Locher — par exemple le maintien du corps sur la verticale — ne se produiraient *pas ;* comme Galilée le souligne à bon droit, le corps prendrait de l'avance par rapport à la terre ; cf. *Dialogo*, 259.

18. Cf. E. Wohlwill, *Galileo Galilei und sein Kampf fur die kopernicanische Lehre,* 2 v., Hamburg-Leipzig, 1909-1926 ; et mes *Études Galiléennes,* Paris, Hermann, 1939 ; 2 éd. Paris, Hermann, 1966.

terre et le caractère naturel, pour eux tous, du mouvement circulaire qu'il attribuait à la terre. Kepler était obligé d'expliquer la trajectoire apparemment rectiligne de la chute par l'action du pouvoir attractif de la terre, lequel exerçait sur tous les corps un violent *raptus* auquel ils se soumettaient involontairement. Mais, selon la nouvelle mécanique développée, ou si l'on préfère, inaugurée par Galilée, celle du principe de l'inertie, un corps qui part d'un point de départ lui-même en mouvement conserve le mouvement auquel il participait avant son départ. Donc, tombant de la tour, il se mouvrait (si la terre se mouvait) non seulement *vers le bas,* mais aussi *vers l'est,* tout comme la tour elle-même. En conséquence, son point de chute serait exactement le même que si la terre ne se mouvait pas. En d'autres termes, le mouvement du corps en chute libre, relativement à la tour et son mouvement relativement à la terre, seraient identiques [19].

Mais qu'en est-il de son mouvement absolu ou, en d'autres termes, de la véritable trajectoire du corps ? Certes, sur un plan en mouvement horizontal, étant supposé en outre que la direction de la pesanteur fût la même en tous les points du plan (hypothèse archimédienne qui, quoique théoriquement fausse [20], est pratiquement exacte), la trajectoire (comme le savait déjà Galilée lors de la publication du *Dialogo* [21]) sera une parabole. Mais qu'en est-il si, comme c'est le cas, le mouvement de la tour est, non horizontal, mais circulaire, et que les directions de la pesanteur, au lieu d'être parallèles, convergent vers le centre de la terre ? Selon Galilée, dans ce cas le mouvement sera semi-circulaire. Au lieu de se diriger en ligne droite vers le centre de la

19. Cf. *Dialogo,* 167. Bien entendu cela est faux, mais Galilée le croyait vrai.

20. Cf. *Discorsi e dimostrazioni matematiche intorno a due nuove scienze, Opere,* Ed. Naz., 8 : 298.

21. C'est Cavalieri qui, dans son *Specchio Ustorio* (Bologna, 1632), publia pour la première fois la démonstration du caractère parabolique de la trajectoire d'un projectile. Il semble cependant certain que Galilée l'avait découverte longtemps avant Cavalieri, et que Cavalieri en eut connaissance ; cf. E. Wohlwill, Die Entdeckung des Beharrungsgesetzes, in *Zeitschrift für Völkerpsychologie,* 15 : 107 sq., 1884, and Die Entdeckung der Parabelform der Wurflinie, *Abhandlungen zur Geschichte der Mathematik,* Leipzig, 1899.

terre, comme il le ferait si la terre était immobile, un corps grave sur une terre en mouvement (en rotation) composerait son mouvement vers le bas (vers le centre de la terre) avec son mouvement vers l'est et décrirait donc un demi-cercle ayant pour diamètre le rayon de la terre. Ce faisant, il atteindrait le centre de la terre au bout d'un temps égal à celui qu'il mettrait si la terre ne se mouvait pas. En outre — et Galilée semble très satisfait et même fier de l'avoir découvert — la longueur de sa trajectoire serait exactement la même dans cette chute que celle qu'il décrirait en ne se mouvant aucunement, en restant au repos au sommet de la tour.

Mais laissons la parole à Galilée [22] :

SALVIATI. — Si le mouvement rectiligne vers le centre de la terre était uniforme, le mouvement vers l'Orient l'étant également, on verrait se composer de ces deux mouvements un mouvement par une ligne spirale, du genre de celles qu'Archimède a définies dans son livre *De Spiralibus ;* ces spirales sont engendrées par un point qui se meut uniformément suivant une ligne droite, tandis que cette ligne tourne uniformément autour d'une de ses extrémités fixe comme centre de giration [23]. Mais, puisque le mouvement du grave est continuellement accéléré, il s'ensuit nécessairement que la ligne, composée des deux mouvements, s'éloigne avec une proportion toujours plus grande de la circonférence du cercle, que le centre de gravité de la pierre aurait décrit, si elle était restée sur la tour ; et il faut que cet éloignement, au début, soit petit, et même minime et minissime, étant donné que le grave, qui part du repos, c'est-à-dire de la privation du mouvement, et acquiert un mouvement rectiligne vers le bas, est forcé de passer par tous les degrés de lenteur qui sont entre le repos et une vitesse quelconque, lesquels degrés sont infinis, comme il a déjà été expliqué et démontré [24].

22. *Dialogo,* 190.

23. Le raisonnement de Salviati est tout à fait faux ; il raisonne en mathématicien, non en physicien. Il est très significatif que, sauf chez Borelli (et Riccioli), cette façon de raisonner sera pratiquée dans tout le débat.

24. Le problème de savoir si un corps qui quitte le repos passe par tous les degrés (en nombre infini) de vitesse ou de lenteur, c'est-à-dire le problème de la continuité ou discontinuité de l'accélération joue un rôle important dans les discussions du XVIIe siècle. Il est bien connu que, tandis que Galilée affirme la continuité *dans tous les cas,*

Donc, étant donné que tel est le progrès de l'accélération, et étant donné en outre que le mouvement du grave descendant a pour terme le centre de la terre, il faut que la ligne de son mouvement composé soit telle que, bien qu'elle s'éloigne toujours plus rapidement du sommet de la tour, ou, à mieux dire, de la circonférence décrite par le sommet de la tour par suite de la

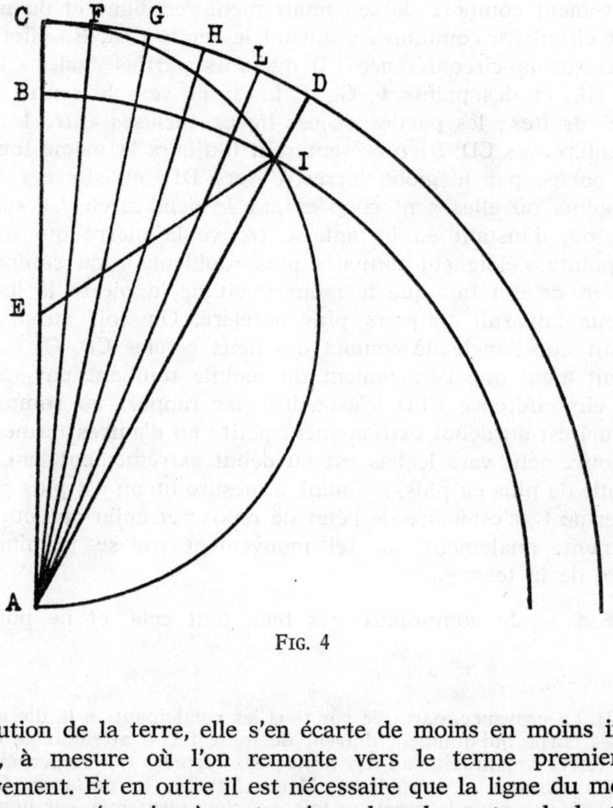

FIG. 4

révolution de la terre, elle s'en écarte de moins en moins infiniment, à mesure où l'on remonte vers le terme premier du mouvement. Et en outre il est nécessaire que la ligne du mouvement composé arrive à se terminer dans le centre de la terre. Or, ces deux suppositions étant faites, décrivons (figure 4), autour du centre A avec le semi-diamètre AB, le cercle BI représentant

Descartes croit à la possibilité et même au caractère normal de « sauts » discontinus du repos au mouvement. Ce n'est pas du tout un problème futile : la solution de Galilée implique en fait, non seulement le problème embarrassant des infiniment petits, mais aussi la négation de la dureté comme attribut possible de la matière.

le globe terrestre et prolongeant le semi-diamètre AB jusqu'à C, nous décrirons la hauteur de la tour BC, laquelle, portée par la terre sur la circonférence BI, décrit avec son sommet l'arc CD ; divisons maintenant la ligne CA en deux moitiés par E, et, prenant E pour centre, décrivons avec le rayon EC le demi-cercle CIA. Je dis que l'on peut croire avec assez de probabilité qu'une pierre tombant du sommet de la tour C se mouvra d'un mouvement composé de son mouvement rectiligne et du mouvement circulaire commun en suivant le cercle CIA. En effet, désignons sur la circonférence CD quelques parties égales CF, FG, GH, HL, et des points F, G, H, L, tirons vers le centre A des lignes droites : les parties de ces lignes, incluses entre les deux circonférences CD, BI représenteront toujours la même tour CB, transportée par le globe terrestre vers DI ; et, sur ces lignes, les points où elles sont coupées par le demi-cercle CI sont les lieux où, d'instant en instant, se trouve la pierre qui tombe ; ces points s'éloignent toujours plus rapidement du sommet de la tour, ce qui fait que le mouvement de la pierre le long de la tour apparaît toujours plus accéléré. On voit aussi, grâce au fait que l'angle de contact des deux cercles CD, CI est infiniment aigu, que l'écartement du mobile tombant par rapport à la circonférence CFD (c'est-à-dire par rapport au sommet de la tour) est au début extrêmement petit ; en d'autres termes, que le mouvement vers le bas est au début extrêmement lent et se ralentit de plus en plus, à l'infini, à mesure qu'on est plus proche du terme C, c'est-à-dire de l'état de repos ; et enfin on comprend comment, finalement, un tel mouvement ira se terminer au centre de la terre[26].

SAG. — Je comprends très bien tout cela, et ne puis me

25. La croyance, partagée par tous les participants à la discussion, que les corps qui tombent doivent de toute façon atteindre le centre de la terre, constituait l'un des principaux facteurs qui empêchaient la solution correcte du problème. Même Newton la partagea. Ce fut R. Hooke qui, pour la première fois, vit clairement que, sur une terre en mouvement (en rotation), le corps qui tombe n'en atteindrait pas le centre ; cf. mon étude mentionnée *supra*, note 1.

26. Il est difficile de comprendre pourquoi Galilée ne suivit pas sa propre inspiration, pourquoi, après avoir déclaré qu'un mouvement centripète uniforme produirait une spirale (d'Archimède), il ne conclut pas qu'un mouvement centripète accéléré produirait une spirale de degré plus élevé. Cet échec est d'autant plus étrange qu'il devait dire plus tard (1637) à Carcavi qu'il avait envisagé une telle spirale (du deuxième degré) « il y a longtemps », donc certainement longtemps avant la publication du *Dialogo ;* cf. *infra,* note 68.

persuader que le centre de gravité d'un corps qui tombe puisse avoir une trajectoire autre que cette ligne.

SALV. — Attendez un peu, Sagredo, car je vais vous communiquer trois observations de moi, qui ne vous déplairont peut-être pas. La première, c'est que, à bien considérer, le mobile ne se meut que d'un seul mouvement simplement circulaire, de même que, lorsqu'il était placé au sommet de la tour, il se mouvait d'un unique mouvement circulaire. La deuxième, encore plus satisfaisante, c'est qu'il ne se meut ni plus ni moins que s'il était resté au sommet de la tour, car les arcs CF, FG, GH, etc., qu'il aurait parcourus s'il était resté sur la tour, sont précisément égaux aux arcs correspondant sur la circonférence CI à ces arcs CF, FG, GH, etc...

Il s'ensuit une troisième merveille, à savoir que le mouvement véritable et réel de la pierre n'est jamais accéléré[27], mais toujours égal et uniforme. Car tous ces arcs égaux marqués sur la circonférence CD, et les arcs correspondants marqués sur la circonférence CI sont parcourus en des temps égaux. De telle sorte que[27a] nous nous sommes dispensés de chercher, ni aucune autre cause d'accélération, ni aucun autre mouvement, car le corps en mouvement, qu'il reste sur la tour ou qu'il tombe, se meut toujours de la même façon, à savoir circulairement, avec la même vitesse et la même uniformité.

Dites-moi maintenant ce que vous pensez de ma lubie[28].

SAGREDO. — Je vais vous dire que je ne trouve pas les mots pour exprimer l'admiration qu'elle m'inspire, et dans l'état présent de mes réflexions, je ne pense pas que les choses puissent avoir lieu autrement. Si seulement toutes les argumentations des philosophes pouvaient être à moitié aussi probables ! Pour parfaire ma satisfaction, je voudrais seulement vous entendre prouver l'égalité des arcs.

27. Suivant Riccioli (cf. *infra*, p. 75 et n. 116) c'est précisément cette possibilité d'expliquer l'accélération de la chute des corps (ou d'expliquer son absence) qui conduisit Galilée à adopter la solution circulaire.

27a. [N.T.] Cette phrase est celle, signalée *supra*, n. 14, dans laquelle A. Koyré a corrigé la traduction anglaise de Salusbury. En note, il en reproduisait le texte italien : « Talche noi venghiamo liberi di recercar nuove cause di accelerazione o di altre moti », etc., et il ajoutait que le sens en est que « nous sommes *libérés* de la nécessité de rechercher les causes d'accélération (parce qu'il n'existe pas d'accélération) et non pas, comme Salusbury traduit, que nous sommes *libres de le faire*.

28. Questa mia bizzarria.

SALVIATI. — La démonstration est des plus simples. Soit la droite IE ; le rayon du cercle CD, à savoir CA étant le double du rayon CE du cercle CI, la circonférence du premier est le double de celle du second, et chaque arc du grand cercle sera double de chaque arc du petit. La moitié de l'arc du grand cercle est donc égale à l'arc du petit. Et, puisque l'angle CEI, angle au centre E du petit cercle, qui sous-tend l'arc CI, est double de l'angle CAD, angle au centre A du grand cercle qui sous-tend l'arc CD, l'arc CD est la moitié de l'arc qui sur le grand cercle correspond à CI. Les deux arcs CD et CI sont donc égaux. La démonstration vaut de même pour toutes leurs parties. Mais je m'abstiens pour l'heure d'affirmer que la descente des corps graves se produit exactement ainsi. Je me borne à dire que, si la trajectoire décrite en sa chute par un grave n'est pas exactement cette ligne, elle en est très voisine.

SAGREDO. — Mais, Salviati, cela me fait réfléchir à une autre particularité bien remarquable. C'est que, si on admet ces considérations, le mouvement en ligne droite manque totalement, et que la nature n'en fait jamais usage. Même le rôle que vous lui concédiez au début (ramener à leur place les portions de corps naturels qui avaient été séparées de l'ensemble et se trouvaient ainsi dans une disposition anormale) lui est enlevé et revient au mouvement circulaire [29].

SALVIATI. — Il en serait nécessairement ainsi, si on concluait que le globe terrestre se meut circulairement. Je ne prétends pas que cela soit chose faite. Jusqu'à présent, je me suis borné, ce que je vais poursuivre, à examiner la solidité des raisons invoquées par les philosophes comme preuves de l'immobilité de la terre. La première, tirée de la chute verticale des corps, a suscité tous les doutes qui vous ont été exposés, mais je ne sais au juste quelle force ils revêtent aux yeux de Simplicio. Aussi, avant de passer à l'examen des autres arguments, il serait bon qu'il fasse entendre sa réplique.

29. Cette affirmation étrange et « non galiléenne » correspond à d'autres, tout aussi surprenantes, que nous rencontrons au tout début du *Dialogo* (43, 56, 156) et selon lesquelles « moto retto impossibile esser nel mondo ben ordinato » et « moto retto assegnato a i corpi, naturali per ridursi al ordine perfetto quando ne siano rimossi » ; cf. mes *Études Galiléennes*, 3 : 49 sq.

III. — GALILÉE, MERSENNE, FERMAT

La solution par Galilée du problème de la trajectoire de chute des corps est, nous l'avons vu, extrêmement ingénieuse et élégante. Malheureusement, elle est tout à fait fausse. Il est même si évident qu'elle est fausse (et au surplus incompatible avec sa propre théorie du mouvement uniformément accéléré des corps qui tombent) qu'il est permis de s'étonner que Galilée ne s'en soit pas aperçu lui-même [30].

En fait, il est possible qu'il n'ait pas persisté dans son erreur. Cela expliquerait que, dans les *Discorsi,* il n'ait pas dit un seul mot de la théorie « semi-circulaire » de la chute. Et, à l'endroit même où cette théorie devrait être discutée, c'est-à-dire après que Salviati a démontré que la trajectoire d'un projectile sera une parabole et qu'il lui faut répondre aux objections à la fois de Sagredo et de Simplicio, il souligne que ce théorème, quoique exact *in abstracto,* ne rend pas compte du mouvement réel du projectile sur la terre : il se borne à concéder que la forme parabolique de la trajectoire « serait considérablement modifiée si elle devait aboutir au centre de la terre ».

Il se peut aussi, bien entendu, que Galilée se soit abstenu de mentionner sa théorie « semi-circulaire » pour le simple (et suffisant) motif qu'elle était liée au mouvement diurne de la terre, sujet qu'il avait de bonnes raisons d'éviter.

Quoi qu'il en soit, le passage auquel je fais allusion

30. Comme Mersenne le soulignera (cf. *infra*, pp. 35-36) un corps qui tombe vers le centre de la terre et décrit dans sa chute une ligne (semi) circulaire accélérerait son mouvement, non pas conformément à la loi de Galilée (espace traversé proportionnel au carré du temps), mais conformément à une loi toute différente (espace traversé proportionnel au sinus verse de l'angle de rotation, cet angle étant lui-même proportionnel au temps).

présente le grand intérêt de paraître indiquer ou au moins de faire sous-entendre le motif qui conduisit Galilée à adopter le théorie « semi-circulaire » de la chute, à savoir la nécessité d'incurver la trajectoire parabolique, afin que les corps qui tombent atteignent le centre de la terre.

Après avoir écouté Salviati démontrer que la courbe décrite par le projectile sera une parabole, Sagredo s'exprime ainsi [31] :

SAGREDO. — On ne peut le nier, l'argumentation est neuve, subtile et concluante : elle repose sur l'hypothèse que le mouvement horizontal reste uniforme, que le mouvement vertical continue à s'accélérer vers le bas proportionnellement au carré du temps, et que mouvements et vitesses de cette sorte se composent sans s'altérer, se troubler ou s'empêcher mutuellement, de telle sorte que, à mesure que se déroule le mouvement, la trajectoire du projectile ne se change pas en une autre courbe : mais, à mon avis, cela est impossible. Car l'axe de la parabole, le long duquel nous imaginons que se produit le mouvement naturel du corps qui tombe, est perpendiculaire à une surface horizontale et aboutit au centre de la terre ; et, puisqu'une parabole s'éloigne de plus en plus de son axe, aucun projectile ne peut aboutir au centre de la terre ; s'il y aboutit, comme la chose semble nécessaire, alors la trajectoire du projectile doit se transformer en quelque autre courbe très différente de la parabole.

SIMPLICIO. — A ces difficultés, je puis en ajouter d'autres. L'une est que le plan horizontal, qui n'a ni montées, ni pentes descendantes, est supposé représenté par une droite, comme si tous les points de cette droite étaient à égale distance du centre, ce qui n'est pas ; en effet, si l'on part du milieu de cette droite pour aller vers une quelconque de ses deux extrémités, on s'éloigne toujours davantage du centre de la terre, et par conséquent on monte constamment. Il s'ensuit que le mouvement ne peut rester uniforme, quelle que soit la distance parcourue, mais doit continuellement diminuer. De plus, je ne vois pas comment il est possible d'éviter la résistance du milieu, qui doit détruire l'uniformité du mouvement horizontal et modifier la loi de l'accélération des corps qui tombent. Ces différentes difficultés rendent hautement improbable qu'un résultat obtenu à partir d'hypothèses si douteuses corresponde pratiquement à la réalité.

31. *Discorsi* (*Opere*, 8 : 275 sq.).

Salviati. — Toutes les difficultés et objections que vous avancez sont si bien fondées qu'on ne peut les écarter ; pour ma part, je suis prêt à les admettre toutes, comme, à mon avis, notre auteur le ferait aussi. J'accorde que ces conclusions, prouvées dans l'abstrait, se révéleraient inadéquates pour l'application au concret, et qu'elles seraient trompeuses, en ce sens que le mouvement horizontal ne serait pas uniforme, que l'accélération naturelle n'aurait pas lieu dans la proportion admise, que la trajectoire du projectile ne serait pas une parabole, etc... D'autre part, je vous prie de ne pas reprocher à notre auteur des suppositions qui, bien que non strictement vraies, ont été admises par d'autres hommes éminents. L'autorité d'Archimède, à elle seule, suffira à tout le monde. Dans ses Mécaniques et dans sa première quadrature de la parabole, il admet que le fléau d'une balance est une droite, dont tous les points sont également distants du centre commun de tous les corps pesants, et que toutes les cordes auxquelles sont suspendus des corps pesants sont parallèles entre elles.

Certains acceptent cette supposition parce que pratiquement nos instruments et les distances en cause sont si petits en comparaison de l'énorme distance du centre de la terre, que nous pouvons assimiler à une droite un arc de grand cercle d'une minute à des droites parallèles entre elles les perpendiculaires aux deux extrémités. Car, si on devait dans la pratique tenir compte de quantités aussi petites, on devrait d'abord critiquer les architectes qui, avec un fil à plomb, érigent de hautes tours à côtés parallèles. J'ajoute que, dans toutes leurs discussions, Archimède et les autres savants se considèrent comme situés à une distance infinie du centre de la terre ; leurs suppositions ne sont pas fausses et leurs conclusions sont parfaitement correctes. Lorsque nous voulons tirer de nos conclusions démontrées application à des cas où les distances sont très grandes, mais finies, nous devons nécessairement, à partir de la vérité démontrée, calculer la correction à appliquer pour tenir compte du fait que notre distance réelle au centre de la terre est non infinie, mais seulement très grande en comparaison des petites dimensions de la pratique. Dans ce cadre, les plus grandes distances sont celles de la portée de nos projectiles — bornons-nous au cas de l'artillerie — laquelle n'excède jamais quatre milles, tandis que notre distance au centre de la terre représente plusieurs milliers de fois cette portée ; et, puisque ces trajectoires se terminent à la surface de la terre, leur forme parabolique ne peut être que faiblement altérée, alors qu'elle le serait fortement si elles aboutissaient au centre de la terre.

En tout cas, si Galilée lui-même ne reconnut pas la fausseté de la théorie semi-circulaire, d'autres le firent très vite. Ainsi, dans l'été 1635, trois ans seulement après la publication du « Dialogue sur les deux plus grands systèmes du monde », le Père Mersenne, qui s'était fait le porte-parole de Galilée en France [32] — il publia en 1635 les *Mechaniques de Galilée* — adressa à Fermat (et à d'autres) une lettre, dans laquelle il soulignait « quelques difficultés » de la théorie de Galilée [33-33a]

Propositions extraites des Dialogues de Galilée entre quelques autres, où il se trouve quelques difficultés.

Aux pages 158 et 159 [34] il dit : 1° qu'il est assez probable qu'une pierre tombant du haut d'une tour jusques au centre de la terre, décrit un demi-cercle, d'où il s'ensuit que les mobiles qui tombent ne décrivent point en leur chute une autre ligne qu'une simple circulaire ; 2° qu'il ne se meut plus vite en tombant que s'il fût demeuré au haut de la tour ; 3° que le mouvement de ce mobile ne s'augmente point en tombant, mais demeure uniforme comme s'il n'eût bougé de sa place.

Et en la page 160 il dit qu'il ne veut pas assurer que le mouvement des choses pesantes vers la terre se fasse précisément de cette façon, mais bien que si la ligne des mobiles qui tombent n'est justement celle-là, elle en approche de bien près.

Galilée s'est encore ici beaucoup mépris, charmé comme il est croyable de la beauté des conséquences qu'il tire de sa proposition. Car il est aisé à voir, tant par sa figure de la

32. Mersenne est présenté habituellement comme le porte-parole et l'agent de Descartes : dans son livre très important, *Mersenne ou la naissance du Mécanisme,* Paris, J. Vrin, 1943, le R.P. R. Lenoble a montré que ce n'est nullement exact.

33. Cette lettre a été publiée, sans attribution à Mersenne, par A. Favaro dans les *Atti e Memorie della Reale Accademia Venete in Padova,* Anno CCXCVI, Nuova Serie, 2 : 34-35, 1894-1895, et republiée par Cornelis de Waard dans son mémoire « La spirale de Galilée » dans le volume supplémentaire des Œuvres de Fermat, 10 sq., Paris, Gauthier-Villars, 1922. C'est Cornelis de Waard qui a identifié Mersenne comme l'auteur de cette lettre.

33[a]. [N.T.] L'orthographe de Mersenne a été ici modernisée, ainsi que dans les citations suivantes.

34. Mersenne cite bien entendu l'édition originale du *Dialogo.*

page 159 [35] que par la suite de son discours et par l'exposition de la figure, que le mobile, en passant par le diamètre [de] CIA, dans sa chute le parcourt en six heures, puisque ce doit être en même temps que le point de la tour C, et d'où le mobile est parti, fait un quart de cercle par le mouvement journalier. Et parce que Galilée ne détermine point la hauteur de la tour, et n'a point aussi d'égard au diamètre de la terre, il s'ensuivrait de cette proposition que, quelque hauteur que peut avoir la tour, quand même elle arriverait jusques à la lune, ou même jusques au soleil, ou encore plus loin, le mobile n'emploierait toujours que le même temps à descendre jusques au centre ; et que, quand la terre ne serait pas plus grosse que Mercure, ou bien n'aurait que cent lieues de diamètre ou moins, le mobile ne devrait pas employer moins de temps à passer de la surface du corps jusques au centre. Ce qui n'est pas croyable, et Galilée n'en apporte aucune preuve.

Mais si on suppose les expériences de l'espace que parcourent les corps pesants en tombant, et que les espaces parcourus soient en raison doublée des temps [36], comme il assure l'avoir découvert pages 17 et 217, on ne trouvera que vingt minutes d'heure (un peu moins) pour le temps qu'un boulet de canon emploierait à descendre jusques au centre de la terre, pendant lequel temps la terre ne fait que 5°, qui est bien loin de 90°. Et parce que les observations de Galilée ne s'accordent pas aux nôtres et qu'il fait ce mouvement un peu plus lent, le temps de la chute du mobile serait plus de 25′ $^1/_2$ selon son observation, pendant que la terre ferait 6° 22′. D'où s'ensuivrait que la ligne décrite par le mobile sera beaucoup différente du demicercle et elle serait assez notablement courbe près de la circonférence, mais approchant du centre, il serait difficile de la distinguer d'une droite à la vue.

Or, Galilée tire de là une autre conséquence, qui est que la nature ne se sert point du tout des lignes droites pour réunir à leur tout les parties qui en ont été séparées, mais de circulaires seulement. Car encore qu'on reçoive sa proposition pour véritable, cette ligne circulaire n'aurait lieu que sous l'équateur, ne considérant que le mouvement journalier, car si on y mêlait l'annuel, il s'en faudrait beaucoup que la ligne fût circulaire en quelque endroit de la terre que fût le mobile. Ne posant donc

35. Je ne reproduis pas la figure, qui est bien entendu celle de la p. 34.

36. « En raison doublée des temps », c'est-à-dire proportionnels au carré du temps.

que le journalier, je dis que de dessous les pôles les corps pesants tomberaient par une ligne droite, laquelle par conséquent ne serait pas tout à fait bannie de la nature ; et dans les parallèles ce seraient des lignes courbes, qui approcheraient de la circulaire d'autant plus qu'ils seraient près de l'équateur.

Le Père Mersenne semble avoir été assez fier de sa découverte. En tout cas, étant l'homme le moins capable de tenir sa lumière sous le boisseau [37], il se hâta de l'annoncer à l'univers : d'abord en latin dans ses *Harmonicorum libri sex* (en 1635), puis en français dans son *Harmonie Universelle* (également en 1635 [38] — Mersenne avait l'habitude de publier ses livres à la fois en latin et en français), finalement de nouveau en latin dans ses *Cogitata Physico-Mathematica* (1644). Il donne (chaque fois) de la théorie de Galilée un compte rendu soigné et même amélioré (son diagramme de la trajectoire est bien plus détaillé que celui de Galilée) — il nous dit qu'il était parvenu à la conception de la chute circulaire indépendamment de Galilée et avant de lire le *Dialogue* [39] — et il fait suivre son compte rendu d'une critique qui conduit à sa propre détermination de la trajectoire d'un corps qui tombe. Dans le plus récent de ses ouvrages il omet sa propre solution, qui est remplacée par un compte rendu de la théorie élaborée entre-temps par Fermat ; nous pouvons admettre qu'il l'acceptait comme vraie.

Examinons maintenant ces textes, tout au moins le plus détaillé d'entre eux : le texte français de l'*Harmonie Universelle.* Mersenne commence par mentionner les objections de Scheiner (de Locher) contre le mouvement diurne de la terre [40] :

37. Le P. Mersenne a été à juste titre, et aussi avec malignité, qualifié de « boîte aux lettres » du monde scientifique de son temps.

38. L'impression de cet immense volume (1.486 pages *in folio*) prit beaucoup de temps, mais certaines parties de l'ouvrage étaient déjà en circulation à l'automne 1635.

39. Cf. ci-après p. 36. Beaucoup de gens paraissent être parvenus aux découvertes — et même aux erreurs — de Galilée sans avoir lu ses ouvrages. Du moins ils le prétendaient, malheureusement sans le prouver.

40. Cf. *Harmonie Universelle contenant la théorie et la pratique de la Musique, où il est traité de la Nature des Sons et des Mouvemens, des Consonances, des Dissonances, des Genres, des Modes, de*

Encore que plusieurs croient que les pierres et les corps pesants tombent d'autant plus vite vers le centre de la terre qu'ils sont plus pesants, néanmoins l'expérience fait voir le contraire, comme je montrerai, après avoir remarqué les expériences de Galilée, dont il se sert pour réfuter le livre des Conclusions Mathématiques de Scheiner ; où il est objecté, contre le mouvement journalier de la terre, qu'il s'ensuivrait qu'un boulet d'artillerie porté par un Ange jusques au concave de la Lune emploierait plus de six jours à tomber jusques à terre, encore que son mouvement fût aussi vite que le circulaire du grand orbe de la Lune, c'est-à-dire qu'il fît 12 600 milles d'Allemagne à chaque heure ; et qu'il est incroyable qu'il demeurât toujours sur le point vertical pendant six jours qu'il tournerait avec la terre, en décrivant sous l'Équinoctial [41] une ligne spirale au plan du grand cercle, sous les parallèles une ligne spirale autour des cônes et une ligne droite sous les pôles [42].

A quoi Galilée répond que le demi-diamètre du cercle étant moindre que la sixième partie de la circonférence, il s'ensuit que le boulet n'ayant que le demi-diamètre de la Lune à descendre, sera plus tôt à terre que le ciel de la Lune n'aura fait la sixième partie ; puisqu'il suppose que le boulet va aussi vite que le ciel de la Lune, et qu'il tombera en moins de quatre heures, supposé que ledit ciel fasse son tour en vingt-quatre heures : ce qu'il faut supposer pour faire demeurer le poids en la même ligne verticale.

Cependant il apparaît à Mersenne — à bon droit — que la critique formulée par Galilée n'est pas compatible avec ses propres idées sur la chute des corps graves vers le centre de la terre, et il poursuit en soulignant le fait :

Mais il semble que Galilée n'ait pas ici pensé au mouvement circulaire du boulet, lequel ne tomberait qu'en six heures, supposé qu'il eût la même vitesse du ciel de la Lune, et que son mouvement ne s'augmentât nullement à raison de son approchement vers la terre, comme le suppose Scheiner : car le boulet tomberait pour lors par un demi-cercle égal au quart de cercle du ciel de la Lune, comme je démontrerai après.

la Composition, des Voix, des Chants, et de toutes sortes d'Instruments harmoniques, par P. Marin Mersenne, de l'Ordre des Minimes, à Paris, chez Sébastien Cramoisy, 1636, pp. 85 sq.

41. « L'équinoxial », c'est-à-dire l'équateur.

42. Il est manifeste que Mersenne n'a pas lu les *Disquisitiones* de Locher, mais seulement le rapport qu'en a fait Galilée.

Cette démonstration, qui diffère de celle de Galilée et tente de l'améliorer, est curieuse. Elle constitue, avec sa réfutation (qui montre que le mouvement sur un demi-cercle est incompatible avec la loi de la chute de Galilée), la totalité des propositions III et IV du livre II de l'*Harmonie Universelle*[43] :

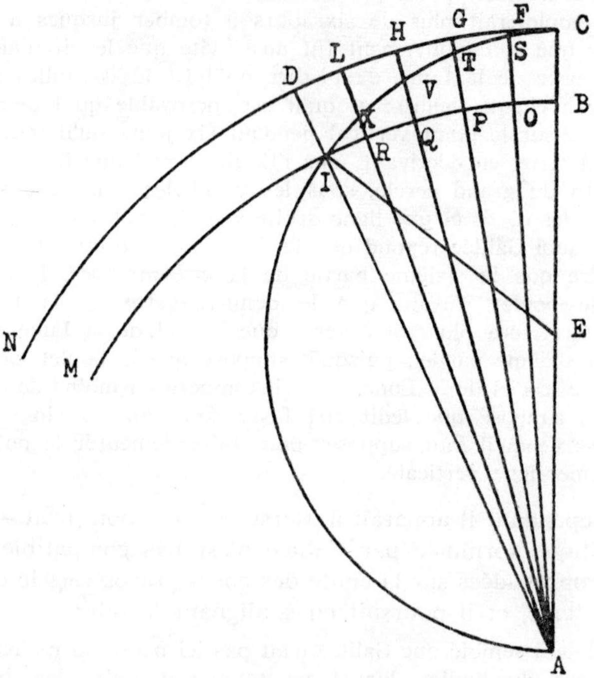

FIG. 5

Déterminer la figure du mouvement des corps pesants qui tomberaient du haut d'une tour, ou de telle autre hauteur qu'on voudra, supposé que la terre se meuve et fasse chaque jour un tour entier sur son axe.

Il n'est pas nécessaire d'expliquer l'hélice que ferait le poids, si son mouvement était uniforme comme celui de la terre,

43. Cf. *Harmonie Universelle,* L. 2, pp. 93 sq.

puisque nous avons montré sa difformité et son inégalité [44], laquelle je suppose maintenant, afin de n'user point de répétition. Mais afin que cette proposition soit plus agréable, je veux examiner les pensées de Galilée sur ce sujet, dont il parle depuis la page 156 de ses dialogues : c'est pourquoi je décris ici le cercle BI du centre A, qui représente la terre, et prolonge le demi-diamètre AB jusques à C, afin que BC soit la hauteur de la tour, laquelle étant portée par la terre sur la circonférence BI décrit avec son sommet l'arc CDN. Je divise après le demi-diamètre AC par la moitié au point E, d'où je décris le demi-cercle CIA, par lequel Galilée dit qu'il est probable que la pierre tombe, si son mouvement est composé du circulaire de la terre, et du droit qui lui est propre, ce qu'il prouve ainsi.

Si dans la circonférence CD on marque quelques parties égales, comme CF, FG, HL et LD, et que des points F, G, H, L, on tire des perpendiculaires au centre A, les parties de ces lignes comprises entre les deux circonférences CDN et BIM, représentent la tour portée par la terre de C à N : et les points où le diamètre coupe ces lignes seront les lieux où la pierre se trouvera de temps en temps en tombant : or ces points s'éloignent de plus en plus du haut de la tour, c'est pourquoi le mouvement droit de la pierre au long de la tour se montre toujours plus augmenté et plus violent. Et parce que l'angle DCI est infiniment aigu, l'éloignement de la surface CFD, ou du haut de la tour est très petit au commencement, et conséquemment le mouvement de la pierre est d'autant plus lent qu'il est plus proche de C, ou du repos, et va plus vite vers le centre A, qu'en nul autre lieu.

Ainsi la solution galiléenne semble, au moins à première vue, donner une explication parfaite du phénomène de la chute libre. Malheureusement, comme Mersenne va le montrer avec soin, elle conduit à des conséquences inacceptables et est rigoureusement incompatible avec la loi de la chute du même Galilée, suivant laquelle l'espace parcouru par le corps en chute libre est proportionnel au carré du temps. En fait, si des corps tombaient le long d'une circonférence de cercle, ils se conformeraient à une toute autre

44. Il est intéressant de noter l'usage de la terminologie scolastique — nous verrons que Riccioli l'emploie aussi — pour exprimer des idées galiléennes. Mersenne veut dire qu'il a déjà établi que le mouvement de la chute est uniformément accéléré (cf. *Harmonie Universelle*, 88 sq.).

proportion (le fait que Mersenne l'ait remarqué donne la mesure de ses capacités), à savoir celle des arcs du cercle à leurs sinus verses[44a]. Bien entendu, l'expérience ne nous permet pas de décider entre les deux proportions (Mersenne a une fois de plus parfaitement raison) ; mais si la seconde proportion était la vraie, tous les corps, quelle que fût leur distance au centre de la terre, l'atteindraient en même temps, ce qui signifie qu'ils se mouvraient avec des vitesses proportionnelles à cette distance. Ces résultats apparaissent à Mersenne d'une improbabilité pratiquement équivalente à une impossibilité. La théorie se réfute elle-même. Mersenne écrit donc :

Or, il faut examiner cette belle pensée de Galilée, afin de voir si le mouvement de la pierre, qui nous semble perpendiculaire et égal à celui de la terre, comme le demi-cercle BIA est égal au quart du cercle CN. Nous avions déjà considéré cette même ligne avant que d'avoir vu les dialogues ; mais puisqu'il met la chute des poids en raison doublée des temps comme nous avons fait[45], à laquelle la raison des sinus verses des arcs égaux est quasi semblable[46], principalement au commencement de la chute lorsqu'ils sont petits, il est aisé de montrer que la chute des pierres ne peut se faire par le demi-cercle BIA : ce que je démontre par l'autre figure qui suit, à savoir A, 90, L [fig. 6], dans laquelle les arcs représentent le temps, et les sinus verses l'espace de la chute ; c'est pourquoi lorsque le lieu d'où tombe le poids, à savoir A, sera porté par le mouvement journalier jusques à 9 degrés, ce qui se fera en 36′ d'heure, le poids sera en B, et partant sera au point 2 du demi-cercle[47], c'est-à-dire au lieu où la perpendiculaire 9 L coupe l'arc décrit du point B ; et quand A sera au point 18, ce qui arrivera dans une heure et 12′, la pierre sera au point 2, c'est-à-dire au point où l'arc venant de C coupe la perpendiculaire 18 L, car l'espace 18, 2 est

44a. [N.T.] En termes modernes, le sinus verse d'un angle α est égal à $1 - \cos \alpha$.

45. Mersenne s'exprime de façon curieuse et suggère — sans l'affirmer ouvertement — qu'il a découvert indépendamment de Galilée la loi de la chute. Mersenne devrait dire : « puisqu'il a établi la raison doublée des temps que nous avons acceptée de lui ».

46. Pour les hauteurs qui peuvent être soumises au contrôle expérimental, les deux formules donnent des résultats très voisins au début de la chute.

47. Mersenne aurait dû écrire 1 et non 2. J'ai corrigé sa notation des points sur son dessin.

égal à l'espace de la chute AC, et au sinus verse de l'arc A 18, qui représente le temps.

De même quand le point A est porté jusques à 27, le poids sera jusques à D, d'où le quart de cercle étant tiré il rencontre la perpendiculaire 27 L au point 3. Lorsque A sera en 45, ce qui

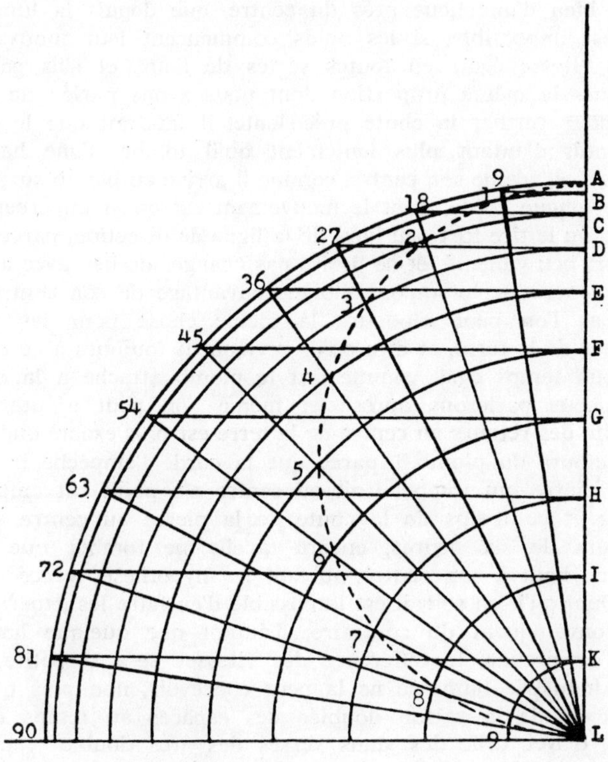

FIG. 6

arrivera en 3 heures, la pierre sera au point 5, qui est le lieu où l'arc tiré du point F (lequel est le terme de la chute du point AF, car c'est le sinus verse de 45 degrés) rencontre la perpendiculaire 45 L. Et partant le poids arrivant en 4 heures 48′ à 72, le sinus verse de 72 degrés est AI, et l'arc tiré du point I rencontre la perpendiculaire 72 L au point 9 [8] [48], qui est le lieu du poids ;

48. Mersenne, se trompant de nouveau, a écrit 9 au lieu de 8.

de sorte que le point A étant en 90, le poids sera arrivé dans 6 heures au centre de la terre L par le demi-cercle A, 1, 2, 3, 4, 5, 6, 7, 8, 9, L. D'où il s'ensuit que toutes sortes de poids de pesanteur et matière suffisante pour vaincre l'air comme le plomb, les pierres, le bois, etc., doivent tomber au centre de la terre en 6 heures, de quelque distance que ce soit, par exemple aussi bien d'une lieue près du centre, que depuis la lune ; ce qui est impossible, si les poids commencent leur mouvement d'une vitesse égale en toutes sortes de lieux, et s'ils gardent toujours la même proportion dont nous avons parlé : de sorte que pour vérifier la chute précédente, il faudrait que le poids descendît d'autant plus lentement qu'il tombe d'une hauteur moins éloignée de son centre, comme il arrive au plomb suspendu à une longue corde, dont le mouvement est quasi imperceptible quand on le tire fort peu hors de la ligne de direction, parce qu'il est fort peu violenté, et ne désire pas changer de lieu avec autant de violence que lorsqu'on l'éloigne davantage de son centre [49].

Car l'on peut répondre la même chose pour les poids éloignés de la terre, et dire qu'ils reviennent toujours à ce centre dans un temps égal, comme fait le plomb attaché à la corde, dont nous parlerons après : et même l'on peut ajouter que l'égalité des retours au centre de la terre est plus exacte que celle des retours du plomb [50], parce que la corde l'empêche un peu, or la pierre qui tombe droit au centre n'a point cet empêchement : et ce temps de la chute de la pierre au centre serait toujours de six heures, encore qu'elle ne tombât que d'un pied de haut à son centre, suivant les hypothèses précédentes.

Quoi qu'il en soit, il est impossible d'en faire les expériences qui convainquent du contraire, d'autant que quelque hauteur que l'on prenne, la différence des vitesses sera si petite, que nulle industrie humaine ne la peut concevoir, non plus que la différence de la raison doublée des espaces au temps de la chute, d'avec celle des sinus verses des arcs double [51] ; car le

49. L'intéressante hypothèse, selon laquelle les corps sont d'autant plus fortement tirés vers le centre de la terre qu'ils en sont plus éloignés, n'est pas une invention de Mersenne, mais une théorie qui a été proposée par les « géostaticiens » ; incidemment, elle est une conséquence inévitable de l'explication de la gravité par l'attraction envers des corps qui sont à l'intérieur de la terre. Cf. Cornelis de Waard « La chute des graves » dans *Œuvres de Fermat*, suppl. 20 sq.

50. Le défaut d'isochronisme exact dans les oscillations du pendule est donc connu de Mersenne dès 1635. Il traite du problème dans ses *Cogitata Physico-Mathematica* de 1644.

51. Mersenne est, nous le savons, sceptique sur la possibilité d'atteindre une science exacte : à ce but ne peuvent nous conduire

rayon étant 10 000, le sinus verse [d'un angle] de 15′, qui se fait dans une minute du mouvement journalier, est un, celui de 30′ est 4 et celui de 45 est 9. Or, nous ne saurions ici observer de chute dans une minute d'heure et encore moins en deux minutes, car en une minute le poids ferait 7 200 toises, et 28 800 en deux minutes ; et néanmoins la raison des espaces est exactement double de celle des temps en cette distance, encore que ce soit la raison des sinus verses aux arcs. Mais si l'on continue plus avant, ou que l'on soit plus près du centre, l'on y trouvera une différence manifeste, et la raison des sinus verses aux arcs sera toujours moindre que la raison doublée des espaces aux temps : quoique nous ne puissions savoir la vraie proportion que garderait le poids jusques au centre, et que l'on puisse soutenir que c'est celle des sinus verses à leurs arcs. Néanmoins, puisque la raison doublée est la plus aisée, il vaut mieux s'en servir que de l'autre, car l'on ne peut s'y méprendre sur la surface de la terre [52].

Or, avant que de passer outre, il est bon de remarquer que ce qui nous a fait considérer cette chute par le demi-cercle, est qu'ayant supposé le mouvement journalier de la terre, et que le poids étant porté du point A au point 18 en la ligne perpendiculaire 18 L, aussi près du centre L que le point C, qui est touché par la ligne 18 C, parallèle à l'horizon du lieu du mouvement de la chute 90 L, et ayant seulement considéré la chute dans la perpendiculaire AL, à proportion que l'arc A 9, 18, 27, etc., se

ni le raisonnement ni l'expérience. Cf. *Harmonie Universelle,* 112 Corollaire II : Ceux qui ont veu nos experiences, et qui y ont aidé, scavent que l'on n'y peut proceder avec plus de iustesse, soit pour le plan qui est bien droit, et bien poli, et qui contraint le mobile de descendre droit, ou pour la rondeur, et la pesanteur des boulets, et pour les cheutes : d'ou l'on peut conclure que l'experience n'est pas capable d'engendrer une science, et qu'il ne se faut pas trop fier au seul raisonnement, puisqu'il ne respond pas toujours à la vérité des apparences dont il s'éloigne souvent : ce qui n'empeschera pas que je ne parle du plan également incliné tel qu'il doit estre afin que les corps pesans le pressent et pesent également sur chacun de ses points. Si quelqu'un désire faire les experiences plus iustes, il doit user d'un plan incliné plus long que le nostre ; par exemple d'un plan de 48 pieds sur lequel le temps de la cheute sera beaucoup plus sensible : et si l'on en avoit un de cent ou deux cent pieds, il seroit encore meilleur. Cf. mon mémoire, An experiment in measurement, *Proc. Amer. Philos. Soc.,* 97 (2) : 222-237, 1953 ; [N.T.] En traduction française : Une expérience de mesure, p. 253 de : A. Koyré, *Études d'histoire de la pensée scientifique,* Paris, Presses Universitaires de France, 1966.

52. Mersenne désire souligner que, en pratique, l'adoption de la proportion galiléenne ne conduira pas à l'erreur, tout au moins pas à une erreur observable.

courbe ; de sorte qu'étant arrivé au point 90, la ligne qui en est tirée perpendiculairement sur AL finit au centre de la terre (mais à cause que le poids ne demeure pas en la ligne AL, parce qu'elle suit le mouvement journalier, quand le lieu d'où le poids tombe est arrivé au point 27, après que l'on a tiré de ce point une perpendiculaire sur AL, qui la touche au point D, et qui montre la chute du poids, tandis que la terre a fait l'arc A 27, je tire un arc du point D, le même centre L demeurant toujours, le lieu où l'arc rencontre la perpendiculaire tirée du point 27 au centre, à savoir [le point] 3 est le lieu du poids, à raison qu'il a trouvé l'arc D 3, et après avoir marqué plusieurs lieux également distants sur le quart du cercle A 90), et tiré des lignes perpendiculaires coupées de plusieurs autres moindres quarts de cercle, selon les lieux où la première ligne AL est coupée, et de plus la ligne qui marque la chute étant tirée par les perpendiculaires, et par les arcs qui s'entrecoupent, nous aurons enfin trouvé que cette ligne était un demi-cercle parfait, et que les arcs parallèles au quart de cercle A 90 sont éloignés l'un de l'autre d'une proportion fort proche de la double, et si semblable aux arcs éloignés du centre L, que l'on n'en peut remarquer la différence par aucune observation.

Mersenne déclare (ce qui est très intéressant) qu'il est malheureusement impossible de régler la question par l'observation et l'expérience : les distances dont on dispose pour une expérience sont bien trop petites, et les différences (par exemple celles de la vitesse au début de la chute) qui peuvent être déduites par la théorie, ne sont pas observables. Néanmoins, la loi de la chute peut être considérée comme suffisamment bien établie pour nous permettre de rejeter les théories dont les conséquences la contredisent. Il continue donc :

Mais, après avoir examiné cette matière plus à loisir, nous avons trouvé qu'il était impossible suivant nos expériences, et l'une ou l'autre desdites proportions, qu'un poids fût six heures à descendre de la surface de la terre jusques au centre, et que de même que notre pensée n'était pas de grande considération pour prouver la chute des corps pesants par le mouvement circulaire, à savoir à mesure que l'arc approche de la ligne horizontale 90 L, aussi la route de la chute en demi-cercle, laquelle nous avons décrite par le moyen expliqué ci-devant, ne pourrait être défendue, parce qu'elle tire après soi de grandes absurdités qu'il faut examiner dans la proposition qui suit.

Les absurdités auxquelles pense Mersenne ne se rapportent pas à la loi — à la proportion — qui lie le temps de chute à la distance traversée, mais à la *vitesse* (expérimentalement déterminable) du mouvement vers le bas. Elles se produiraient donc dans les deux cas, que les corps tombent en « raison doublée du temps » ou dans la proportion des sinus verses aux arcs.

Mersenne ne le déclare pas explicitement, mais il ressort clairement de son raisonnement qu'il n'établit pas de lien entre la vitesse de la descente en proportion des sinus verses aux arcs d'une part, et celle de la rotation de la terre d'autre part. Il considère manifestement qu'il a ici affaire à une loi abstraite tout à fait indépendante de la valeur numérique de l'accélération. L'absurdité de la solution « semi-circulaire » avancée par Galilée réside donc, non pas dans le fait qu'elle implique l'isochronisme de toutes les « chutes » (cela est faux, mais non absurde), mais dans le fait que, en vertu du lien avec la rotation de la terre, elle implique une période de six heures pour la descente au centre de la terre et contredit ainsi les expériences de Galilée lui-même (et celles de Mersenne).

L'analyse des « absurdités » qui découlent de la théorie galiléenne de la chute circulaire, et aussi la solution positive du problème, la détermination de la trajectoire vraie du corps qui tombe, est donnée par Mersenne dans la proposition IV ci-après du livre II[53] :

Montrer qu'il est impossible que les corps pesants descendant jusques au centre de la terre, décrivent le demi-cercle précédent ; et donner la ligne par laquelle ils descendraient, si la terre tournait en 24 heures autour de son essieu.

Nous avons dit ci-dessus, que si le poids tombait en six heures de quelque lieu que ce fût, il serait nécessaire qu'il eût divers degrés de vitesse, selon les diverses distances du centre d'où on le laisserait choir ; et conséquemment étant à la lune éloignée de 58 demi-diamètres terrestres, ou de 66 666 lieues du centre de la terre, il ferait 820 lieues en 36 minutes d'heure, puisque la terre ferait 9 degrés en 36′. Or, le sinus verse de 9 degrés est 1 230, le rayon étant de 100 000, donc si le rayon

53. *Harmonie Universelle*, L. 2, pp. 96 sq.

est 66 666 le sinus verse fera 820 lieues, et si le rayon est égal au demi-diamètre de la terre, c'est-à-dire à 1 145 1/2 lieues, le sinus verse de 9 degrés fera 14 1/10, et partant le poids ne devrait faire que 14 1/10 lieues en 36′ : et néanmoins il tombera, suivant nos expériences et la raison doublée, 3 732 lieues et 1 200 toises pendant ce temps [54].

Bien entendu, cela ne peut être établi expérimentalement. Mais il existe des données expérimentales, qui sont incompatibles avec la chute le long d'un demi-cercle avancée par Galilée.

Le poids chet 108 pieds en 3″ [d'heure], comme le montrent les expériences très exactes ; et néanmoins s'il devait tomber en 6 heures au centre, il ne ferait que 4 pouces et 11 lignes : car en 3′ la terre fait 45″, dont le sinus verse est 238, le rayon étant 10 000 000 000 ; et si ce rayon donne 238, 17 181 818 pieds donneront 4 pouces, 11 lignes : qui est une différence si remarquable, qu'il n'y a nul sujet de douter qu'un poids ne peut être 6 heures à tomber au centre. Or, puisqu'il tombe 108 pieds au lieu de 4 pouces, 11 lignes, il devrait être 48″ 1/2 à tomber, selon cette supposition : car si 17 181 818 pieds donnent 108 pour le sinus verse, 10 000 000 000 donneraient 6 285 7/10, qui ôtés du rayon, il reste 999 993 714 3/10 pour le sinus du complément que la terre tourne pendant la chute, qui se fait en 48″ 1/2, qui est un temps trop long et trop différent de 3″, pour ne pas inférer les absurdités qui suivent une telle hypothèse ; car l'expérience montre qu'il fait 263 fois plus de chemin, qu'il ne ferait en supposant la chute depuis la surface de la terre jusques au centre en 6 heures, puisque 4 pouces et 11 lignes sont autant de fois en 108 pieds ; et pour faire un chemin égal, il emploierait 16 1/6 fois plus de temps qu'en suivant la raison doublée, et l'expérience, puisque 3″ sont autant de fois en 48″ 1/2, et que cette disproportion de temps répond fort bien à celle des espaces car 1 à 263 est à peu près en raison doublée de 1 à 16 1/6 [56].

Or, il est aisé de conclure de tout ce discours, que Galilée s'est contenté d'avoir une proportion de chute qui lui semblait

54. La toise vaut 6 pieds ou 197,22 cm.

55. Le « pied de Roy » utilisé par Mersenne vaut 32,87 cm.

56. Ce n'est donc pas la loi abstraite de la relation semi-circulaire (sinus verses proportionnels aux arcs) qui est réfutée par les expériences exécutées par Mersenne — nous savons que cela n'est pas possible — mais son utilisation concrète par Galilée : la période de six heures.

s'accorder avec les apparences, et que pensant davantage aux belles correspondances et conséquences qu'il en tirait, il n'a pas approfondi cette matière, attendu qu'il n'est pas croyable qu'un tel homme se fût tellement mépris, s'il eût examiné de plus près la chute des poids, suivant les expériences qu'il a faites lui-même.

Mais, conclut Mersenne :

Il est donc bien évident que le mobile ne tomberait pas de la même façon que s'il eût demeuré au lieu où il fût tombé, c'est-à-dire d'une chute circulaire, et conséquemment qu'il ne ferait pas autant de chemin que s'il fût demeuré sur le haut de la tour, et qu'il n'aurait pas un mouvement uniforme et égal, comme Galilée s'est imaginé ; car nous avons montré clairement qu'un poids ne peut choir de la surface au centre en 6 heures, comme il serait nécessaire, et que suivant nos expériences, et la raison doublée, ou celle des sinus verses aux arcs [57], il arrivera au centre en 19′ 56″ $^1/_2$, pendant que la terre fera 4 degrés, 59′ $^1/_8$; et si l'on suit l'expérience de Galilée, il ira au centre en 25′ $^1/_2$, tandis que la terre fera 6 degrés 22′ $^2/_3$ [58] et partant il décrira la ligne courbe ABDEFC, qui est grandement différente non seulement du demi-cercle, mais de quelque partie de ce cercle ou d'arc que l'on voudra ; car si l'on ôte la portion ABD, le reste n'est guère différent d'une ligne droite, comme l'on voit particulièrement dans la portion EFC ; or, cette ligne se décrit en cette sorte.

Je tire la ligne droite AC qui représente le demi-diamètre de la terre, dont C est le centre, et puis je mène la ligne CO, qui fait avec AC un angle de 6 degrés 22′ $^2/_3$, car si la ligne AC est 100 000, la ligne AO fera 11 178. Et puis je divise l'arc AO en 5 parties inégales, dont la première en a 1, la seconde 3, la troisième 5, la quatrième 7 et la dernière 9, qui sont en tout 25, c'est-à-dire le carré de 5, et par les sections je tire des arcs jusques à la ligne OC, de sorte que pendant que la terre tourne et fait l'arc A 2, le poids tombe jusques à B en 5′ 6″ ; et faisant l'autre arc 2,3 en 5′ 6″, il tombe de B à D, c'est-à-dire 3 fois

57. Une fois de plus Mersenne croit que ses deux lois abstraites (ou celles de Galilée) donnent des résultats impossibles à distinguer expérimentalement.

58. « L'expérience de Galilée » désigne les données numériques — la valeur de g — donnée par Galilée dans le *Dialogo* (la distance traversée dans la première seconde de la chute indiquée comme égale à 5 coudées), données que Mersenne trouva très défectueuses : cf. *Harmonie Universelle,* 85, 87 ; cf. mon article cité dans le n. 51.

davantage, et puis en pareil temps il fait DE, qui contient 5 parties ; et tandis que la terre fait l'arc 4,5, le poids tombe l'espace EF, et puis FC, etc., en augmentant sa vitesse en raison doublée des temps.

Si le poids tombait de 373 248 lieues, c'est-à-dire de 326 demi-

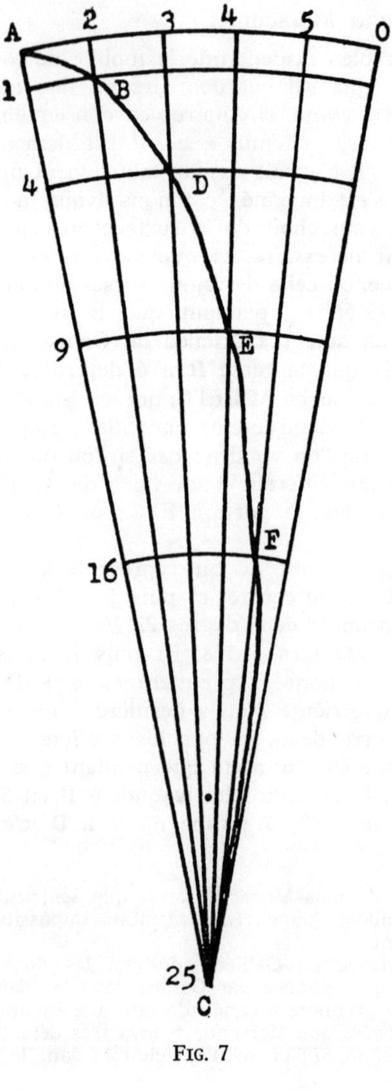

FIG. 7

diamètres terrestres, il arriverait en six heures au centre [59], et la ligne de sa chute décrirait une figure fort proche du demi-cercle, supposé que la proportion fût en raison doublée ; mais si elle était comme les sinus verses aux arcs, il ferait un demi-cercle parfait, et hors de cette distance il ferait une hélice, si l'éloignement est plus grand que 326 demi-diamètres, ce qu'il est facile de démontrer, comme nous avons déjà fait ailleurs. Et l'on peut voir plusieurs supputations que j'ai faites sur ce sujet dans le livre *De Causis sonorum* dans les 24ᵉ et 27ᵉ propositions [60].

Corollaire

L'on peut conclure de cette proposition que toutes les pensées et les expériences de Galilée ne favorisent nullement le mouvement journalier de la terre [61], et que les poids ne tomberaient jamais en demi-cercle, même de la distance que nous avons supposée, que lorsqu'ils seraient sous l'Équateur, et qu'ils tomberaient seulement en ligne droite sous les pôles.

Nous allons maintenant consacrer notre attention à la solution donnée par Fermat au problème de Galilée, solution bien plus intéressante que celle de Mersenne, quoique tout aussi fausse bien entendu. C'est certainement la lettre de Mersenne (citée *supra*, p. 30) qui a conduit Fermat à étudier la trajectoire du corps qui tombe et à rejeter à la fois les solutions proposées par Galilée et Mersenne. Le traitement du problème par Fermat est purement mathématique et (ainsi qu'on devait s'y attendre) élégant et même brillant. Néanmoins, c'est un fait que, bien que Fermat suive l'inspiration de Galilée, ou peut-être parce qu'il la suit trop strictement [62], il ne traite aucunement le problème. Il ne le

59. Comme Galilée avant lui, comme Riccioli et même Borelli après lui, Mersenne suppose bien entendu que la valeur de *g* est une constante universelle.

60. Le *De Causis sonorum* est une partie du traité latin *Harmonicorum libri sex*, Paris, 1636, de Mersenne.

61. Bien que Mersenne affirme que la théorie de Galilée est défavorable au mouvement de la terre, il n'utilise pas sa critique de Galilée lui-même comme argument contre ce mouvement. Sa propre théorie est au contraire expressément basée sur l'hypothèse du mouvement diurne de la terre.

62. Fermat, suivant manifestement Galilée (cf. ci-dessus p. 24 et n. 26), adopte ce point de départ erroné et, n'étant troublé par aucun scrupule physique — Galilée l'est certainement — pousse jusqu'à leur terme logique les implications de l'erreur initiale, ce que Galilée ne fit pas.

saisit pas parce qu'il ne comprend pas la base même de la nouvelle mécanique galiléenne, le principe de l'inertie [63]. La conséquence en est qu'il considère, non un corps qui se meut librement dans l'espace, animé en même temps par un mouvement tangentiel et un mouvement centripète, mais un corps qui descend naturellement vers le centre de la terre [64], le long d'un rayon déterminé et qui en même temps participe au mouvement de ce rayon, lequel tourne autour du centre de la terre. Il trouve, comme il se doit, que la ligne résultante sera une spirale.

Ainsi, écrit-il à Carcavi, à une date qui se situe entre le 3 juin 1636 et le début de 1637 : que Galilée (un grand génie) a avancé à titre d'essai dans son *Dialogue* que — si l'on admet le mouvement diurne de la terre — un corps grave décrit un demi-cercle en tombant naturellement ; que cette opinion a été démontrée être fausse [65] ; et que lui, Fermat, après une étude plus serrée de la nature de la trajectoire, croit qu'elle est identique à celle que, d'après Pappus, Menelaüs qualifie d'admirable [66]. En effet, explique Fermat [67] :

63. On pourrait et devrait bien entendu dire que Galilée lui-même ne comprend pas — tout au moins pas clairement — ses propres problèmes.

64. Comme tout le monde, Fermat est convaincu que les corps qui tombent cherchent à atteindre le centre de la terre.

65. Sans aucun doute, Fermat pense à la réfutation de Galilée par Mersenne.

66. Le passage auquel Fermat fait allusion se trouve dans la prop. XXX du problème VII du Livre IV des *Collectiones Mathematicae* de Pappus.

67. Lettre de Fermat à Carcavi dans *Œuvres de Fermat*, suppl., 15 sq. (La spirale de Galilée). La solution de Fermat ayant joué un rôle important dans l'histoire que nous rapportons, je la citerai dans le texte original : « Cum Galilaeus (magni ingenii vir) in suis Dialogis dubitanter asseruisset graue (supposito diurno Telluris motu) naturaliter descendens, semicirculum descripturum, nobis occasio fuit attentius veritatem inquirere, jamque demonstrato huius opinionis errore veram lineam damus, quae, ni fallor, eadem est quae a Menelao apud Pappum mirabilis appellatur.

» Sit in Tellure circulus ABKC quem hic aequatorem supponimus, et sit gravis alicuius motus principium in A fiatque descensus usque ad centrum E in tempore quod ad tempus 24 horarum se habeat ut arcus AKC ad totam circuli circonferentiam (supposito diurno Telluris motu tantum, non autem annuo), dico a gravi descendente describi non semicirculum, sed *helicem* quamdam, qualis est A, D, 21, 18, 15, 12, etc., quae in figura punctis notatur, cuius (supposita proportione descensus gravium a Galileo assignata) haec est proprietas, *ut ducta*

Soit sur la terre le cercle ABKC [fig. 8], que nous supposerons en être équateur, et soit A le point de départ du mouvement d'un certain corps grave, dont la descente jusqu'au centre E prend un temps qui soit à une durée de 24 heures, dans le même rapport que l'arc AKC à la circonférence entière (il est supposé que la terre a seulement un mouvement diurne, mais aucun mouvement annuel) ; je dis que le grave décrira en sa

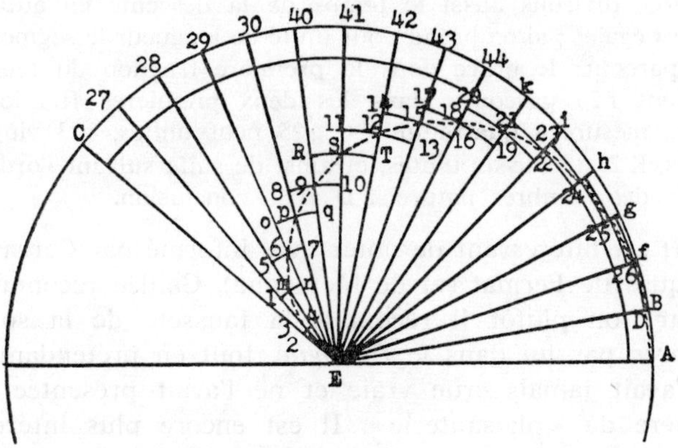

FIG. 8

chute, non un demi-cercle, mais une certaine spirale, celle qui sur la figure passe par les points A, D, 21, 18, 15, 12, etc., et que (en admettant la loi de la chute des graves formulée par Galilée), si nous traçons une droite EK qui coupe la spirale au point 21 et la circonférence du cercle en K, et si nous traçons les droites

a centro quaecumque recta EK, secante helicem in puncto 21 et circonferentiam circuli in K, ductis etiam rectis EA et EC, recta EK ad rectam K21 sit in ratione duplicata circonferentiae AKC ad circonferentiam AK. Alia proprietas insignis haec est *ut spacium helice AD 21 E et recta EA contentum, ad sectorem AKCE sit ut numerus octo ad numerum quindecem.*

» Prima proprietas facile probatur ex natura ipsius helicis. Diuiso enim arcu AKC in quotlibet partes aequales, ductisque a centro ad puncta divisionum semidiametris, diviso etiam tempore descensus in tot partes aequales et posito quod linea BD, quam percurrit grave in prima parte temporis, sit unius mensurae, erit linea *f*, 26, quam in duobus primis temporibus percurrit grave, quattuor mensurarum ; *g*, 25, novem mensurarum ; *i*, 23 viginti quinque mensurarum ; K, 21 triginta sex mensurarum ; atque ita secundum naturalem ordinem numerorum quadratorum. Unde patet conclusio. »

EA et EC, le rapport du segment EK au segment K 21 sera le carré du rapport de l'arc AKC à l'arc AK. Une autre propriété remarquable de cette spirale est que l'aire comprise entre la spirale AD 21 E et la droite EA est égale aux huit quinzièmes du secteur AKCE.

La première propriété résulte de la nature même de la spirale. En effet, divisons l'arc AKC en un nombre arbitraire de parties égales, traçons les rayons passant par les points de division, divisons aussi le temps de la descente en autant de parties égales ; si on prend pour unité de longueur le segment BD, que parcourt le grave dans la première fraction du temps, le segment f 26 parcouru dans les deux premières fractions du temps mesurera quatre unités, g 25 neuf unités, i 23 vingt-cinq unités, K 21 trente-six unités, et ainsi de suite suivant l'ordre des carrés des nombres naturels. D'où la conclusion.

Il est intéressant de noter que, informé par Carcavi des critiques de Fermat (et de Mersenne), Galilée reconnut son erreur ; ou plutôt il reconnut la fausseté de la solution élaborée par lui dans le *Dialogue,* tout en prétendant qu'il ne l'avait jamais crue vraie et ne l'avait présentée qu'en manière de « plaisanterie ». Il est encore plus intéressant qu'il semble avoir accepté celle de Fermat. En tout cas il ne la critique pas et se borne à dire à Carcavi (c'est-à-dire à Fermat) que depuis longtemps il avait dans l'esprit une courbe de ce genre, c'est-à-dire une spirale de degré plus élevé que celle d'Archimède.

Il écrit donc à Carcavi [68] (pour Fermat) :

Il y a longtemps que, ayant vu et étudié avec la plus grande admiration la spirale d'Archimède, qui résulte de la composition de deux mouvements uniformes, l'un rectiligne et l'autre circu-

68. Lettre de Galilée à Carcavi (pour Fermat, 5 juin 1637). Cf. *Œuvres de Fermat,* Correspondance de Galilée sur la spirale, suppl. 50 sq. : « perche è gran tempo che, havendo con estrema admiriazione veduto et studiato la spirale d'Archimede, la quale ègli compone di due moti equabili, uno retto e l'altro circolare, mi cadda in pensiero la Spirale composta del circolare equabile et del retto eccelerato secondo la proportione dell'accelerazione dei gravi naturalmente descendenti, la quale io mi persuado esser in duplicata proporzione di quella del tempo : e questo è la Spirale dell'amico di V.S.

» E sebene nel *Dialogo* vien detto poter esser che mercolato il retto del cadente con l'equabile circolare del moto diurno, si componesse una semicirconferenza che andasse a terminare nel centro della

laire, j'ai envisagé la spirale composée par un mouvement circulaire uniforme et un mouvement rectiligne accéléré selon la loi de l'accélération des graves dans leur chute naturelle, qui, j'en suis persuadé, est proportionnelle au carré du temps ; spirale qui est celle de l'ami de Votre Seigneurie.

Et, quoiqu'il soit dit dans le *Dialogue* qu'il est possible que la composition du [mouvement] rectiligne du grave avec le [mouvement] circulaire uniforme diurne fournisse une demi-circonférence se terminant au centre de la terre, je ne l'ai dit qu'en manière de plaisanterie : la chose ressort manifestement du fait que je l'ai qualifiée de « caprice », de « bizarrerie », à savoir de « jocularis quaedam audacia ».

Il est difficile de croire que Galilée n'avait considéré que comme une plaisanterie sa solution de la trajectoire d'un corps qui tombe, mais peu importe. L'important est, à mon avis, que, tout comme Mersenne et Fermat, il semble former sa trajectoire en composant un mouvement rectiligne descendant (vers le centre de la terre) avec un *mouvement circulaire* (et non tangentiel) *uniforme* et confondre en outre, tout comme ses prédécesseurs (et successeurs) le mouvement circulaire uniforme d'un corps avec celui de son rayon vecteur. Et, tout comme Mersenne, comme Fermat, comme tout un chacun (Newton y compris), à l'exception de Hooke, il est profondément convaincu que, au terme de cette chute, le corps qui tombe aboutira finalement au centre de la terre[69]. Ce qui nous montre combien, même

Terra, ciò fa detto per scherzo, come assai manifestamente apparisse, mentre vien chiamato un *capriccio* et una *bizzarria,* cioè *iocularis quaedam audacia.* » En fait, la spirale de Fermat (ce que personne ne semble avoir remarqué avant Stefano degli Angeli, cf. ci-dessous, p. 103) n'est pas une spirale d'Archimède du second degré, mais bien une spirale renversée.

69. *Ibid.*, 52 : « Aggiungo hora, che sebene dalla composizione del moto equabile orizontale col retto perpendicolarmente descendente con l'accelerazione fatta nella proporzione da me assegnata, si descriverebbe una linea che andando a terminar nel centro sarebbe spirale, niente di meno sin che noi ci trattenghiamo sopra la superfine del globo terrestre, io non mi perito di assegnare a tal composizione una linea parabolica asserendo tali esser la linea che da i proietti vengono descritte. La qual mia asserzione potra somministrar materia d'impugnarmi assai maggiore del moto del mezzo cerchio, il quale almeno facevo pure andare a terminar nel centro, dove anco son sicuro che anderebbero all terminare i proietti. Et pur la linea parabolica si va sempre più e più slargando dal asse, che e la perpendicolare al centro. » Cf. *supra*, p. 29.

pour ses créateurs, il fut difficile de saisir intégralement les prémisses et les conséquences de la nouvelle mécanique.

Fermat ne publia pas son analyse de la courbe de Menelaüs (ou de Galilée). Mais Mersenne le fit et, en raison de la grande diffusion des ouvrages de Mersenne, le fait est important. Le probable est que c'est la reproduction par Mersenne de la courbe de Fermat — et non celle de Kepler — qui a suggéré à Newton sa propre spirale. Le texte auquel je fais allusion se trouve dans les *Cogitata Physico-Mathematica* de Mersenne, dans la partie consacrée à la *Balistique,* où il s'occupe entre autres des problèmes relatifs au mouvement des corps lancés et des corps qui tombent. Le problème de la trajectoire d'un grave tombant vers le centre de la terre est une fois de plus mentionné [70], quoique beaucoup plus brièvement que dans l'*Harmonie Universelle,* et comporte une importante omission. Mersenne omet sa propre solution, à la place de quoi il fait mention de la spirale décrite lors du mouvement d'une pierre entre la circonférence de la terre et son centre [71] :

70. Marin Mersenne, *Cogitata Physico-Mathematica, Phenomena Ballistica,* prop. XVIII, p. 49 sq., Paris, 1644.

71. *Phenomena Ballistica,* prop. XVIII, cor. II, pp. 57 sq. (La figure mentionnée par Mersenne et donnée par lui p. 50 est celle de la p. 37 du présent ouvrage). « De linea helice a motu lapidis a terrae circumferentia ad illius centrum descripta. »

« Cum Galilaeus existimare videretur lapidem (posita terra mobili et solis motum supplente) usque ad terrae centrum descendentem, moveri per semicircumferentiam B 3, 4, 5, 6, 7, 8, 9 L de qua superius dictum est, demonstravit acutissimus Geometra D Fermatius non esse descensum illum semicircularem, sed helicem describere peculiarem, quae sit secunda inter sequentes quemadmodum prima est Archimedeae. Sit igitur helix AFB intra circulum BCX descripta, ita ut semper sit eadem ratio circumferentiae BCX ad arcum BC, quae est lineae AB ad FC, vel quadrati AB ad quadratum FC, vel cubi AB ad cubum FC, vel cujuscumque alterius potentiae AB ad similem potestatem FC, regula generalis datur, qua ratio circuli BCX ad spatium linea AB, et helicibus AFB comprehensum periatur. Hic apponam octo helices, quarum majores numeri circulorum, minores helicem referunt.

1	3.1
2	15.8
3	14.9
4	43.32
5	33.25
6	91.72
7	60.49
8	153.128

Comme Galilée paraissait croire (en admettant que le mouvement de la terre remplace celui du soleil) qu'une pierre qui descend jusqu'au centre de la terre se mouvrait le long de la circonférence B, 3, 4, 5, 6, 7, 8, 9, L, dont il a été parlé plus haut, le très subtil géomètre qu'est M. Fermat a démontré que cette descente ne décrira pas un demi-cercle, mais une certaine spirale, qui est la seconde parmi celles ci-après mentionnées, tandis que la spirale d'Archimède est la première.

Soit donc la spirale AFB [fig. 9], décrite à l'intérieur du cercle BCX, de façon que le rapport de la circonférence BCX à l'arc BC soit constamment égal au rapport de la ligne AB à FC, ou bien du carré de AB au carré de FC, ou du cube de AB au cube de FC, ou d'une puissance quelconque de AB à la même puissance de FC : alors il y aura une loi générale exprimant le

» Quibus placet addere demonstrationem amici, qui demonstravit lineam descensus gravium non esse circularem.

» Sit A terrae centrum, cuius diameter AC ; et circumferentia CHB referat Aequatorem : Sint autem spatia, quae per rectam lineam descendentia gravia conficiunt, in ratione duplicata spatiorum quae percurrit in circumferentia : Verbi gratia, si grave primo ex C perveniat ad K, deinde in I, ducunturque rectae AKH, et AIB, ratio HK ad IB erit duplicata rationis arcus CH ad arcum CB. Exempli gratia, si arcus CB duplus est arcus CH, recta IB erit rectae KH quadrupla. Iam vero consideremus cum circulus circa diametrum AC descriptus, per IK puncta transit, recta IB sit HK rectae quadrupla, quando arcus CB duplus est arcus HC. Ducantur recta EK bifariam dividens AC, hoc est ex centro E ; et IK, KL ita ut KL sit aequalis AK, et occurat AC producta in L. Cum sint AK, KL lineae a equales, angulus KLC aequalis erit angulo KAL, vel ei aequali IAH ; sed anguli AHIK, HCL sunt etiam aequales, igitur trianguli AIK, LCK sunt similes.

» Quoniam vero KC latus lateri KI aequalis est, latus CL erit lateri IA aequale.

» Praeterea cum triangula isoscelia AKL, AEK faciant aequales angulos super bases suas aeque sunt similes ; et rectangulum LAE erit aequale quadrato. Sed cum reliqua demonstratio pendeat a certis characteribus, quos ille suis usibus accomodabat, qui desunt typographo ; sufficiat annotasse lineam istam descensus gravium rectam sub polis futuram, planam helicem sub Aequatore ; et in omni alio loco solidam helicem super coni isoscelis superficiem descriptam, cuius basis est parallelus, quo descensus incipit, et vertex ipsum terrae centrum.

» Quam demonstrationem libenter postulantibus communicabo, quemadmodum aliam elegantissimam a D Fermatio inventam, et ad ipsum missam Galilaeum, qua demonstrat spatium ab ista comprehensum helicem esse, vel ad circuli sectorem, vel ad totum circulum, quibus comprehenditur, ut 8 ad 15 ; quae proportio reperitur similiter inter spatium a spirali circa coni superficiem descriptum, et ipsam coni superficiem. »

rapport du cercle BCX à l'espace compris entre la droite AB et la spirale AFB.

Il m'est agréable d'ajouter ici la démonstration d'un ami, suivant laquelle la trajectoire de descente des graves n'est pas circulaire [72].

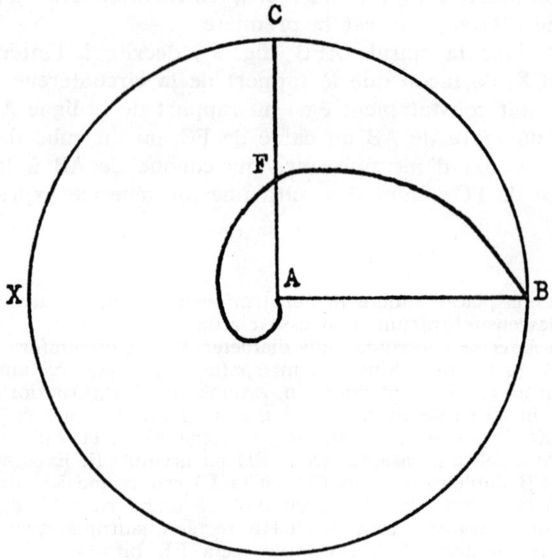

FIG. 9

Soit A [fig. 10] le centre de la terre et AC un diamètre; la circonférence CHB représente l'équateur. Admettons que les espaces parcourus par les graves sur la droite au cours de la descente soient proportionnels aux carrés des arcs balayés sur la circonférence par cette droite : c'est-à-dire que, si le grave partant de C parvient d'abord en K, puis en I, et qu'on trace les droites AKH et AIB, le rapport de HK à IB sera le carré du rapport de l'arc CH à l'arc CB. Par exemple, si l'arc CB est le double de l'arc CH, le segment IB sera égal à quatre fois le segment KH. Et maintenant examinons si, lorsque le cercle décrit autour de AC comme diamètre passe par des points I et K, le segment IB sera égal à quatre fois le segment HK, tandis

72. Je n'ai pas réussi à découvrir le nom de l'ami de Mersenne.

que l'arc CB est le double de l'arc HC. Traçons la droite EK (qui divise AC en deux moitiés au point E) et les deux droites IK et KL telles que KL soit égal à AK et coupe le prolongement de AC en 1. Comme AK et KL sont des segments égaux, l'angle KLC sera égal à l'angle KAL, ou à l'angle IAH qui lui est égal ; mais les angles AIK, KCL sont de même égaux ; donc les triangles AIK, LCK sont semblables.

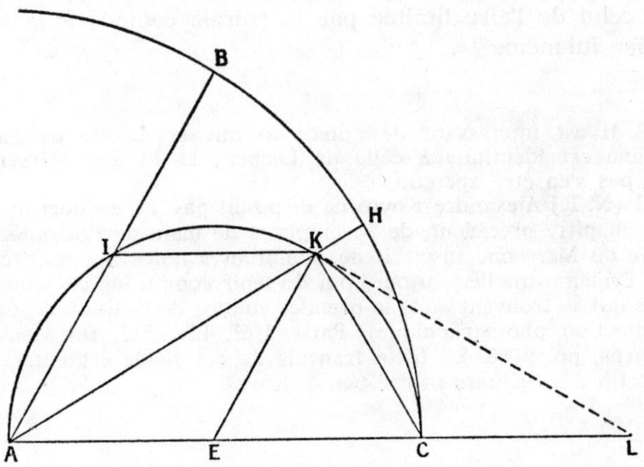

FIG. 10

Mais puisque le côté KC est égal au côté KI, le côté CL sera égal au côté AI.

En outre, comme les triangles isocèles AKL, AEK ont des angles à la base égaux, ils sont eux aussi semblables et le rectangle AEL est égal au carré AK [72 a].

Mais, comme le reste de la démonstration fait appel à des signes que l'auteur avait créés à son usage et dont le typographe ne dispose pas, qu'il me suffise de mentionner que cette trajectoire de descente des graves sera une droite au pôle, une spirale plane à l'équateur, et en tout autre lieu une spirale gauche

72[a]. [N. T.] La conclusion, à savoir que IB n'est pas le quadruple de KH et donc que le demi-cercle de diamètre AC ne convient pas pour la trajectoire, n'est pas explicitée. Peut-être fait-elle partie du reste de la démonstration dont parle Mersenne à la ligne suivante.

décrite sur la surface d'un cône isocèle, dont la base est le parallèle sur lequel la descente a son point de départ, et dont le sommet est le centre même de la terre [73].

Je communiquerai volontiers cette démonstration à tous ceux qui le désireront, de même qu'une autre démonstration fort élégante trouvée par M. Fermat, et qu'il a adressée à Galilée lui-même, et qui prouve que [le rapport de] l'espace limité par cette spirale au secteur [correspondant] du cercle qui la limite, ou au cercle entier, est égal à huit quinzièmes, rapport qui est aussi celui de l'aire limitée par la spirale conique à la surface du cône lui-même [73 a].

73. Il est intéressant de noter : *a*) que la théorie de l'ami de Mersenne est identique à celle de Locher ; et *b*) que Mersenne ne paraît pas s'en être aperçu.

73[a].[N. T.] Alexandre Koyré ne disposait pas, à l'époque où il rédigea le chapitre précédent, de l'exemplaire de main de l'*Harmonie Universelle* où Mersenne inscrivit de nombreuses notes manuscrites. Il y aurait évidemment lieu aujourd'hui de tenir compte de ces notes marginales qui se trouvent dans le premier volume de l'édition du C.N.R.S. (reproduction photographique), Paris, 1963, Livre II, Du Mouvement des Corps, pp. 94-98. Le texte français de ces notes est antérieur au texte latin des *Cogitata* utilisé par A. Koyré.

IV. — BOULLIAUD

Galilée a pu dire que sa solution « semi-circulaire » du problème de la trajectoire du corps qui tombe (dans l'hypothèse du mouvement de la terre) n'avait jamais été pour lui que « plaisanterie » ; il est cependant certain que personne d'autre ne l'a jamais envisagée ainsi. Comme nous l'avons vu, Mersenne et Fermat la soumirent à une critique sérieuse. Et J. B. Riccioli, tout en soulignant l'incompatibilité de l'hypothèse de Galilée avec le fait incontestable, qu'il avait établi expérimentalement, de l'accélération des corps pesants « en raison doublée » du temps, sans préjudice d'autres objections moins importantes, l'accepta — dans l'hypothèse du mouvement de la terre — au point de baser sur elle une nouvelle objection contre la doctrine copernicienne du mouvement de la terre.

Cependant, avant d'étudier les conceptions de Riccioli en matière de dynamique, développées dans son *Almagestum Novum* de 1651 [74] (qui exerça une forte influence, acquit une grande renommée, et fut réédité sous une forme abrégée et quelque peu généralisée dans l'*Astronomia Reformata* de 1665 [75]), il nous faut revenir en arrière et examiner la tenta-

74. *Almagestum Novum, Astronomiam Veterem Novamque Complectens*... Auctore J. Joanne Baptista Riccioli, S.J. Bononiae MDCLI. L'œuvre devait comporter trois volumes, dont seul le premier, en deux parties, fut effectivement publié. Cette publication partielle représente néanmoins XLVII + 763 + XVIII + 675 pages *in folio*.

75. *Astronomia Reformata*, pt. I, chap. XVII, app. 2, pp. 81-83, Bononiae, 1665. Il est intéressant de noter qu'un compte rendu de l'*Astronomia Reformata* fut publié dans le tout premier volume des *Philosophical Transactions of the Royal Society*, 394 sq., en 1668. Ce compte rendu, emprunté au *Journal des Sçavans*, dit notamment (p. 396) :

Cinquièmement, que l'auteur raisonne en faveur de l'immobilité de la terre de la façon suivante :

Il admet comme certain que la rapidité du mouvement des

tive, faite en 1639 par Boulliaud dans son *Philolaüs*[76], de développer la suggestion de Galilée, d'exclure de la nature le mouvement rectiligne. En attribuant, par une sorte d'hyper-copernicianisme, le mouvement circulaire, *considéré comme un mouvement naturel,* non seulement à la terre, mais à tous les corps qui la constituent, il essaya de résoudre l'ancienne énigme de l'accélération des corps au cours de leur chute.

Boulliaud commence par un intéressant exposé critique des théories qui prévalaient à son époque[77] :

Certains veulent que le corps qui tombe acquière [au cours et par le fait de son mouvement de descente] une gravité plus forte [et donc tombe plus rapidement]. Mais il y a là une explication absurde et insipide, qui ne nourrit pas l'esprit affamé. En vérité, quoi que puisse être en soi la gravité, elle va avec la quantité de matière et, si cette dernière demeure constante, la gravité demeure constante aussi. Mais il résulterait de leur opinion que quelque chose [de la nature d'une] substance peut être produit par le mouvement local, ce qui est faux, parce qu'en posant le mouvement local, on ne pose que le *ubi,* sans qu'aucune nouvelle substance en résulte ; en conséquence, c'est en vain qu'ils affirment que c'est la gravité acquise au cours de la descente qui accélère le mouvement[78].

corps graves *augmente* encore dans leur descente ; en confirmation de ce principe, il affirme avoir expérimenté que, si on laisse tomber une boule dans un des plateaux d'une balance, elle soulève dans l'autre plateau des poids différents selon la hauteur de laquelle elle tombe. Par exemple, une boule de bois d'une once et demie, tombant d'une hauteur de 35 pouces, soulève un poids de 5 onces ; d'une hauteur de 140 pouces, un poids de 20 onces ; de 315 pouces, 45 onces ; de 560 pouces, 80 onces, etc...

Il conclut de ce principe que la terre est au repos, car, dit-il, si elle avait un mouvement diurne autour de son centre, les corps graves, étant entraînés par elle dans son mouvement, décriraient en descendant une *ligne courbe* et, comme il le montre par un *calcul* qu'il a fait, parcourraient des espaces égaux en des temps égaux ; il s'ensuit que la célérité de leur mouvement n'augmenterait pas lors de la descente et que leurs chocs ne seraient pas plus forts après qu'ils auraient parcouru un espace plus grand.

76. Ismael Bullialdus, *Philolai, sive Dissertationis de vero Systemate Mundi, libri IV*, Amstelodami, 1639.

77. I. Bullialdus, *ibid.*, 1, I, chap. IV, pp. 11 sq.

78. La gravité, étant un attribut de la substance, ne peut varier sans variation correspondante de (ou dans) la substance elle-même Selon Boulliaud, une telle variation ne peut être produite par le mouve-

D'autres disent que, lorsque les graves tendent vers le centre, ils se meuvent plus rapidement et augmentent leur accélération parce que, au fur et à mesure que le mobile avance dans le milieu, ce dernier devient moins dense et que, raréfié et plus ténu, il offre au mobile une résistance moindre ; ainsi, disent-ils, le mobile est rendu plus rapide par un facteur négatif, la disparition d'un obstacle extrinsèque, non par plus grande impression de sa vélocité intrinsèque. Ils soulignent de plus que ce mobile traverse de fort nombreuses parties du milieu et que, lorsqu'il en quitte une, d'autres corps s'y précipitent pour remplir l'espace qu'il a libéré, espace qui, sans cela, resterait vide, lorsque le mobile arrive ailleurs. Ils enseignent donc que ces corps [qui constituent le milieu] donnent au mobile une impulsion positive et que, sous cette impulsion, il se meut plus vite. Mais il est faux que la raréfaction par le mobile soit plus forte à la fin qu'au commencement, car un [agent], qui demeure le même et [agit] dans le même [milieu], opère toujours de même. Mais la gravité, même selon leur opinion, est constante. Donc le corps qui descend à travers le milieu le raréfie toujours au même degré, et un fluide, qui cède à la pression qu'un corps grave exerce sur lui du fait de sa gravité, ne le fait ni plus ni moins au commencement qu'à la fin de la chute. En outre, ils commettent une pétition de principe, quand ils affirment que cette proposition, suivant laquelle un milieu est raréfié par les corps qui le traversent, est quelque chose d'admis et de prouvé ; au surplus je la considère comme fausse : car la chute d'un corps dans l'eau ne la rend pas plus subtile, moins dense, et la chute d'une pierre dans l'air ne le rend pas plus ténu du fait qu'elle l'agite ; en fait, si l'air devenait plus subtil, il s'ensuivrait une dilatation de la sphère totale de l'air, ou bien que certaines de ses parties se raréfieraient tandis que d'autres se comprimeraient. Mais quel homme sensé dira que la pierre peut dilater la sphère totale de l'air ou en condenser certaines parties ? L'expérience nous donne la certitude que l'eau ne se

ment local, puisque le mouvement local change seulement le *ubi*, le lieu, et non la nature du corps, voir ci-après, pp. 63-64 et 69.

Sur les théories scolastiques de la chute et de l'accélération, cf. outre l'ouvrage classique de P. Duhem, *Études sur Léonard de Vinci*, 3 vol., Paris, 1909-1913, les excellentes publications de Mlle Anneliese Maier, *Zwei Grundprobleme der scolastischen Naturphilosophie, Das Problem der intensiven Grösse* et *Die Impetus-theorie*, 1939 et 1940, 2e éd., Roma, 1951, et *Die Vorläufer Galileis im XIV Jahrhundert*, Roma, 1949; cf. également mes *Études Galiléennes, 1, 1, A l'aube de la science moderne*, et E. Moody, Galileo and Avempace, *Jour. Hist. of Ideas, 1951.*

dilate pas, n'occupe pas un espace plus étendu si, par exemple, on introduit une sphère de plomb ou de fer dans un récipient rempli d'eau ; il arrivera seulement que le niveau de l'eau s'élève ou, si le récipient était rempli jusqu'au bord, qu'il s'écoulera autant d'eau qu'il le faut pour faire place au corps introduit ; mais il ne se produira ni raréfaction, ni condensation. Il en est exactement de même dans le cas de la chute d'une pierre dans l'air ; l'air ne subit aucun changement en fait de densité ou de subtilité ; il cède à la gravité et, expulsé d'un lieu, il occupe le lieu abandonné par le corps grave. Au second argument je réponds que l'air introduit pour remplir le lieu [abandonné par le corps] ne contribue pas plus à accélérer le mouvement que l'air soumis [à l'action du corps] ne lui résiste et ne s'oppose à lui. J'ajoute que, pour remplir le lieu, il faut exactement autant d'air au commencement qu'à la fin, de sorte que l'*impulsus* sera le même du commencement à la fin. De plus il est faux que l'air introduit pousse le corps qui descend, puisque cet air remplit le lieu abandonné par le corps, et cela en un mouvement contraire [à celui du corps]. Le corps grave presse l'air qui est sous lui et le force à céder la place, ce qu'il fait en s'écoulant sur les côtés du corps et vers le haut ; par ce mouvement contraire il résiste [au mouvement descendant du corps] et ne l'accélère nullement ; le même processus est manifeste pour l'eau ; et il pousse même vers le haut, dans une faible mesure, le corps qui descend. En outre il est contradictoire d'utiliser conjointement ces arguments : dans la mesure où le milieu serait raréfié, il deviendrait moins pesant, car [un corps] moins dense participe moins à la gravité ; mais les moins pesants exercent également une pression moindre.

La cause de l'accélération du mouvement de chute dépend donc entièrement du mouvement circulaire naturel que tout et partie doivent avoir en commun et que sans aucun doute la partie conserve dans sa chute, aussi longtemps qu'elle n'est pas (du fait de son état violent) mue d'un mouvement violent. En conséquence le mouvement circulaire physique et naturel modère le mouvement du corps, tout en consentant à l'état violent dans lequel le corps se trouve ; en raison de cet [état], le corps, recherchant l'union avec le tout, tend vers lui avec une certaine violence et est impatient d'y tomber par le chemin le plus court, donc en ligne droite. Mais le fait que ce retour s'effectue toujours plus rapidement, c'est-à-dire avec une vitesse croissante, a pour cause le [mouvement] circulaire. Et on ne doit pas s'étonner que la nature assigne à un même corps ces deux mouvements : cela n'implique ni absurdité, ni contradiction, puisqu'ils ont [tous deux] le même but. Comme la nature ne veut certes point souffrir violence ou que des parties soient séparées du tout, elle oppose à la force la force et à un état violent, un mouvement violent, qui est d'ailleurs dirigé et modéré par le mouvement naturel, afin que la nature soit plus vite restaurée. Et il n'y a rien d'absurde à ce que la nature utilise un mouvement violent pour sa restauration. Un exemple excellent en est offert par l'aimant, exemple qui montre que des graves, qui par nature tendent vers la terre, en sont néanmoins éloignés et élevés en l'air par l'aimant dans un mouvement rectiligne violent, aux fins de réparation de la nature magnétique, qui désire sa réunion en [corps] homogènes par un *impetus* qui ne subit pas de gêne. Cette expérience mérite plus de confiance et d'autorité que mille fictions futiles ou entités abstraites. Maintenant qu'il est démontré par un exemple que la nature agit par mouvement violent en des [objets] naturels qui sont placés dans un état violent afin de restaurer l'état naturel par la voie la plus courte, ce sera notre tâche de prouver que l'accélération de cette restauration n'est pas réalisée autrement que sous la direction du mouvement circulaire.

Pour cela il nous faut prouver qu'une combinaison de *mouvements circulaires uniformes,* les seuls qui soient vraiment *naturels,* peut aboutir à un mouvement qui est, non seulement rectiligne, mais même rectiligne et accéléré. En fait, la preuve n'est pas difficile à fournir, car elle a été déjà donnée dans un autre but par Copernic. En conséquence, en formulant le problème et le théorème de sa théorie, Boulliaud se réfère ouvertement à Copernic [79] :

Déterminer deux mouvements circulaires de sens opposés sur deux cercles, de telle façon que les cercles soient égaux et que chacun ait son centre sur la circonférence de l'autre : et que le mouvement d'un cercle ou du corps qui le décrit soit le double du mouvement du centre de ce même cercle sur la circonférence de l'autre.

1. LE THÉORÈME

Décrire une droite au moyen des deux cercles ci-dessus mentionnés

Nicolas Copernic, restaurateur de l'astronomie, a démontré, en son Livre des Révolutions, III, 4, où il traite des anomalies,

79. I. Bullialdus, *op. cit.*, 1, I, chap. iv, pp. 13 sq.

du calcul des équinoxes et de l'obliquité de l'écliptique, et étudie l'instabilité de cette λοξώσεως [obliquité], qu'elle est produite par un mouvement réciproque (résultant de la composition de mouvements circulaires) et égal (uniforme) quoiqu'il paraisse inégal à cause de la combinaison des mouvements circulaires. A sa suite, nous allons en donner la démonstration à notre façon [80].

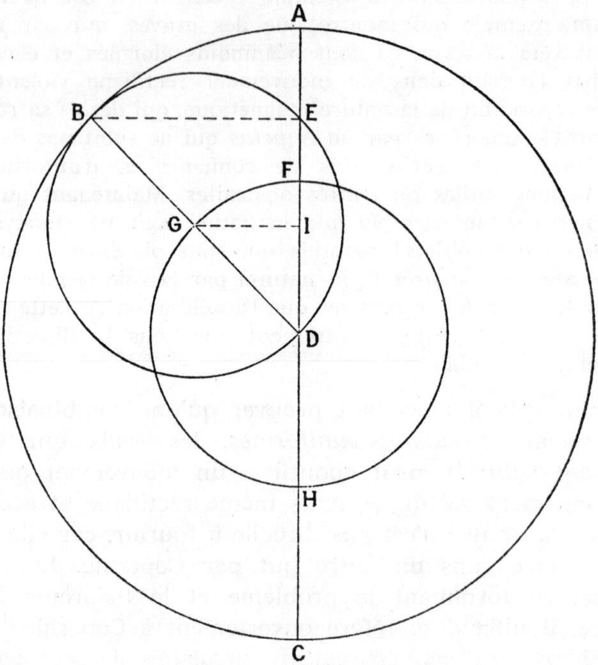

FIG. 11

Soit D [fig. 11] le centre du cercle FGH, de rayon DF ; sur sa périphérie FGH soit un point tel que G, et décrivons le cercle BDE de centre G, ayant pour rayon DF ou GD ; décrivons le cercle ABC de centre D et de rayon DGB ; traçons finalement le diamètre ADC, que le cercle BDE coupe au point E. Mais tirons du point B la droite BE perpendiculaire à AD ; la ligne BE sera la moitié de la corde qui sous-tend le double de l'arc BA [81].

80. Dans le passage cité par Boulliaud, Copernic démontre que la combinaison de mouvements circulaires uniformes peut produire un mouvement rectiligne alternatif.

81. La ligne BE sera le sinus de BDA.

Supposons qu'à un certain moment du temps la droite BD coïncide avec la droite AD, le point B avec le point A et le point G avec F ; imaginons de plus que, tandis que le centre G se meut de F en G, en décrivant l'arc FG du cercle FGH, un certain corps mobile se meuve pendant le même temps sur le cercle BED dans la direction opposée et d'un mouvement contraire à celui de G ; alors il restera sur la droite AE et descendra jusqu'en C.

Or, les cercles [GBE et DGF] étant égaux, l'arc BE est le double de l'arc GF [82], la ligne BE sous-tendra le double de l'arc GF et sera donc le double du sinus GI. Mais, puisque le cercle ABC est le double du cercle FGH, la moitié de la ligne qui sous-tend le double de l'arc BA sera le double de la moitié de la corde de l'arc double de FG ; autrement dit, le sinus de l'arc AB sera le double du sinus de l'arc FG, car le rapport de ces deux lignes est égal à celui des diamètres : DG est à GI comme DB à BE ou, par substitution, DB à DG.

Mais BE sous-tend le double de l'arc FG, et est donc égal au sinus de l'arc AB ou à la moitié de la corde du double de BA, et ce sera vrai pour toutes les positions. Donc les cordes des arcs du cercle BDE (arcs qui sont le double des arcs du cercle FG) seront toujours perpendiculaires au diamètre ADC.

Mais le corps qui se meut le long de BED parcourt toujours des circonférences doubles de celles [décrites dans] le mouvement du centre G ; il se trouvera donc toujours à l'extrémité de l'arc BE, et en conséquence il ne quittera pas la droite AC, mais se mouvra sur elle. Ce qu'il fallait démontrer.

Dans le diagramme ci-contre [fig. 12], divisons le quadrant GIKL en trois parties égales GI, IK, KL, et le quadrant du cercle extérieur également en parties égales CD, DE, EF, traçons les ordonnées DH et EG. GZ étant la moitié de la corde du double de EF [83], et la ligne DH la moitié de la corde du double de l'arc DC (lequel est égal à l'arc EF), la ligne droite DH sera de même égale à la ligne droite GZ : car elles sont égales à la moitié de cordes d'arcs qui sont doubles d'arcs égaux. Mais, comme le point H est distinct du centre du cercle CDEF, traçons le diamètre CZO qui passe par le centre Z et le point H. HZO sera une partie du diamètre, sur laquelle se trouve le centre et

82. L'arc BE est égal à l'arc BA, qui vaut deux fois l'arc GF.

83. L'arc EF mesure 30°, DF (qui est double) 60° ; la ligne qui le sous-tend est donc égale à la ligne FZ, qui vaut deux fois GZ. Un point C, manquant sur le diagramme (fig. 12) doit être ajouté entre A et B en haut.

sa longueur excédera celle de toute ligne tirée du point H (distinct du centre) vers la périphérie ; et le reste [de ce diamètre] sera la plus courte de toutes ces lignes. Donc DH sera plus grand que HC.

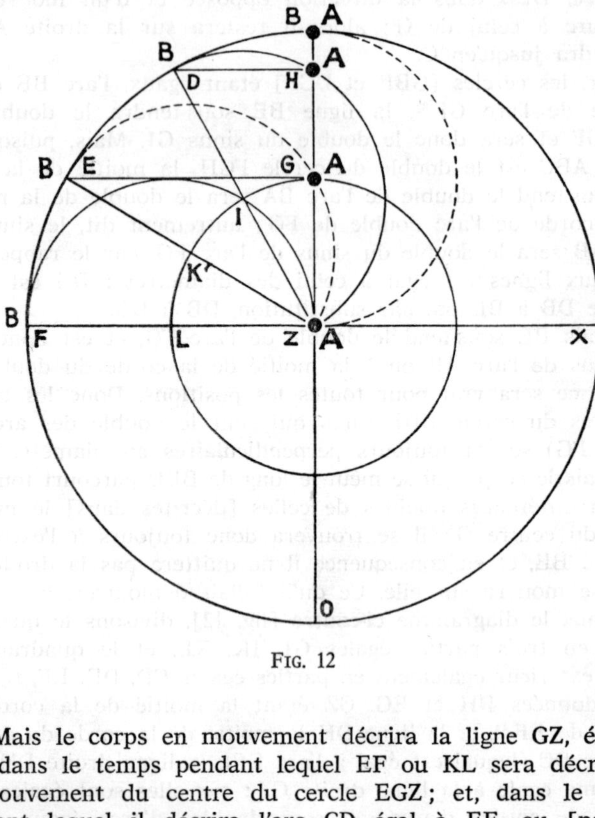

FIG. 12

Mais le corps en mouvement décrira la ligne GZ, égale à DH, dans le temps pendant lequel EF ou KL sera décrit par le mouvement du centre du cercle EGZ ; et, dans le temps pendant lequel il décrira l'arc CD égal à EF, ou [pendant lequel] le centre [décrira] l'arc GI égal à KL, le corps en mouvement décrira seulement CH, qui est bien plus court que DH ou GZ. Il est donc démontré que le corps A se meut plus lentement relativement à la circonférence qu'autour du centre.

La même démonstration vaudra pour l'intervalle HG qui est, bien entendu, plus grand que l'intervalle CH ; en effet, à chacune des lignes CH, HG seront ajoutées des [quantités] égales, CZ [d'une part], le double de GZ [d'autre part]. La ligne composée ZCH sera plus courte que la ligne composée

HZG. Si on retranche GZ de chacune d'elles, le reste HZ sera plus grand que le reste GCH parce que les deux [lignes] DH, HZ ou HZG sont plus grandes que DZ ou CZ. En conséquence la [ligne] composée DHZ est plus grande que la ligne composée ZC, CH ; si on en retranche DH, ZG [d'une part] et ZC [d'autre part], HG sera plus grand que HC. Le problème et le théorème sont donc géométriquement démontrés.

Mais, afin de les appliquer, supposons que FZX soit le plan de la terre, tel que le conçoit le sens commun ; supposons que la pierre A ait été élevée au-dessus de la terre de la hauteur ZC ; l'expérience enseigne que la vitesse [de la chute] augmentera [au cours de cette chute]. Néanmoins, si la pierre descendait seulement sur une ligne droite et n'exécutait aucun autre mouvement, il n'y aurait aucune raison pour que la descente fût plus lente au commencement qu'à la fin [84]. Un mystère de la nature, digne d'admiration, se cache dans ce comportement des corps qui tombent, et il est si beau que rien n'est plus satisfaisant en matière de mouvement. En effet, le mouvement naturel de la pierre, en son état naturel, se ferait sur la circonférence CDF et s'écarterait de la perpendiculaire d'une distance égale à ce qu'avait été l'élévation au-dessus de la terre ; mais, à cause de l'état violent, la Nature, se soumettant à la force, réunit la partie au tout suivant le trajet rectiligne AZ ; et cette violence n'empêche pas la pierre de se mouvoir circulairement vers la terre, ni de s'écarter de la perpendiculaire, qui est le plus court de tous [les trajets]. Et, le diamètre BZ se mouvant uniformément par rapport au plan FX, le corps A se mouvra d'une certaine façon le long de la circonférence CDEF ; ainsi le corps, qui descend sur la perpendiculaire elle-même, se trouvera toujours sur le demi-cercle FIZ, égal au quadrant AF ; il le décrira complètement.

Dans ces deux mouvements, le mouvement naturel, qui veut se dérouler le long de CDE, semble être renvoyé dans la direction contraire par la violence de l'état du corps qui tombe ; aussi sa révolution a-t-elle lieu sur un cercle plus petit, les lignes demeurant néanmoins égales.

La nature a donc sagement conservé ce mouvement naturel des parties de la terre dans leur descente rectiligne et leur état violent, afin qu'elles puissent se mouvoir plus rapidement vers

84. Comme nous l'avons vu, Boulliaud a rejeté toutes les explications usuelles de l'accélération et n'est pas encore parvenu au principe de l'inertie.

leur lieu naturel et ne soient pas privées de leur mouvement propre, qu'elles ont en commun avec le tout.

Le corps qui descend passera donc par une infinité de degrés de lenteur et de vitesse ; pendant la première fraction du temps, il parcourra seulement le petit trajet CH, pendant la seconde HG, pendant la troisième GZ. A d'égales fractions du temps représentées par les arcs égaux CD, DE, EF, correspondent donc des trajets inégaux, plus petits au début, plus considérables vers la fin.

On dira : la terre exerce une attraction et, par exemple, plus la pierre, en sa chute, s'approche de la terre, plus fort est l'*impetus* avec lequel la terre le tire ; la vitesse s'accroît donc sans action du mouvement circulaire.

La réponse est aisée ; je concède que la terre attire. Mais pas de telle manière que cette attraction augmente et intensifie la vitesse. Si elle [la terre] attirait vers elle les corps pour une raison magnétique, de telle sorte que leur mouvement fût moindre à grande distance et plus fort à faible distance, alors il pourrait (d'après cette analogie) exister une distance (supérieure au rayon de la sphère d'action [de la terre]) à laquelle elle ne pourrait plus provoquer la réunion à elle-même d'une partie qui en aurait été séparée [85]. Mais, comme nous l'avons déjà dit, ce qui existe en réalité n'est pas l'attraction du tout sur une partie, mais une tendance combinée de toutes les parties à se réunir [86] ; de même qu'il y a un *concursus* de tous les rayons de la sphère en son centre, non à cause du pouvoir attractif du centre, mais à cause de leur *consensus*, unique et commun à eux tous, à se réunir. Comme cette conjonction afférente à la chute des corps graves appelle la méditation philosophique !

Qu'il me soit maintenant permis de demander aux Péripatéticiens la liberté d'examiner de plus près l'accord entre cette preuve géométrique et la réalité (il n'y a pas de plus grande injustice que de priver de liberté un philosophe). Puissent-ils voir que nous ne recourons nullement à des fictions, grâce auxquelles nous expliquerions l'inconnu par l'encore moins connu.

Nous ne sommes pas en train d'imaginer une fuite devant le vide *(fuga vacui)*, danger que la chute d'un petit corps à

85. L'action d'un corps ou d'une force finis doit être finie. L'attraction magnétique ne peut donc s'exercer au-delà d'une distance limitée. Une attraction magnétique universelle est en conséquence impossible.

86. Il est intéressant de noter la distinction et même l'opposition qui, pour Boulliaud (comme pour Galilée et Borelli), existe entre une « attraction des parties par le tout », qui est une force externe, et une « tendance à la réunion » qui est une force interne.

travers l'air ne pourrait guère créer, et menace envers la nature qui est écartée par la perpétuelle contiguïté des corps et l'expansibilité innée de tous les fluides, expansibilité qui est telle que la surface d'un corps mu à travers un fluide ne se sépare jamais (ou se sépare tout au plus pendant un indivisible instant) de la surface du fluide (air ou eau). Mouvement du corps dans ces [fluides] et contact des surfaces ont donc lieu simultanément. Le vide serait vraiment chose très dangereuse s'il était possible d'admettre un certain intervalle de temps entre l'instant du mouvement et celui du rétablissement du contact [il n'en est rien].

Nous avons donc enchaîné la chimère de la nouvelle gravité [87] comme on fait d'un monstre qu'on doit noyer en mer. Et nous avons illustré par une démonstration géométrique la cause véritable et authentique de l'accélération. A moins d'être perverti par une scandaleuse témérité, qui niera qu'on puisse et doive expliquer au moyen de la géométrie la figure, la raison, les modes et phénomènes du mouvement ?

Boulliaud est visiblement très fier de sa solution de la vieille énigme de l'accélération des corps graves dans leur mouvement de descente vers le centre de la terre. Il est encore plus fier d'avoir obtenu cette solution par des moyens purement géométriques. Il poursuit donc :

S'il est possible d'expliquer les mouvements des cieux par des mouvements circulaires réciproques, conjoints et opposés, et de démontrer au moyen de figures géométriques leur répétition nécessaire et perpétuelle, pourquoi serait-il interdit de faire de semblables calculs au sujet du mouvement des corps graves ? S'il est permis à Aristote de doter les parties de la terre d'un mouvement en ligne droite vers le centre de l'univers et d'en déduire l'immobilité de la terre, pourquoi ne nous serait-il pas permis, à nous qui démontrons la présence du mouvement circulaire dans la partie, d'en déduire le mouvement circulaire du tout, ainsi que le mouvement des corps graves, leur lenteur et leur rapidité ?

Il faut admirer la hardiesse de Boulliaud qui, acceptant l'idée copernicienne du caractère naturel du mouvement circulaire — sur la terre comme dans les cieux — et affir-

87. La nouvelle gravité est celle engendrée par le mouvement du corps vers le bas.

mant donc que le mouvement rectiligne est toujours et partout violent, entreprend de retourner contre Aristote son argumentation et de prouver la rotation de la terre à partir de la chute des corps graves. Assurément c'était là, peu de temps après la condamnation de Galilée, faire preuve d'un courage exceptionnel.

Malheureusement, l'explication géométrique de la figure et des modes du mouvement est une tâche difficile, que Boulliaud n'est pas de taille à accomplir. Sa théorie demeure aussi abstraite, et même davantage, que celles de Galilée et Fermat ; pas plus qu'eux, il ne tente de la relier à des résultats de fait, ni d'examiner le problème de la vitesse possédée ou acquise par les corps qui tombent « vers le centre de la terre ».

V. — RICCIOLI

Il nous faut maintenant tourner notre attention vers les critiques formulées par Giambattista Riccioli contre les théories de Galilée et de Boulliaud (chose étrange, Riccioli ne mentionne pas la contribution de Mersenne, ni même celle de Fermat, au problème). Dans ces théories il voit à bon droit une tentative pour faire face aux objections nouvelles et anciennes contre le mouvement de la terre, objections déjà formulées par Aristote et Ptolémée, renouvelées et modernisées par Tycho-Brahe. Riccioli y voit en outre, et à juste titre, une tentative pour expliquer, sur la base de la rotation diurne de la terre, le fameux problème de l'accélération du mouvement de descente des corps qui tombent. Giambattista Riccioli, à qui nous devons la première détermination expérimentale soignée de la valeur de cette accélération [88], consacre à ce problème une section entière de son *Almagestum Novum,* dans laquelle il recherche [89] :

Si et comment on peut, au moyen des mouvements diurne et annuel de la terre, rendre compte de l'augmentation de vitesse des corps lourds et légers (cette explication étant, ou la seule possible, ou meilleure que toutes les autres), de telle sorte que ce mouvement [de la terre] s'en trouve fortement confirmé. A cette occasion, la forme de la trajectoire que, dans l'hypothèse du mouvement de la terre, décrivent les corps lourds et légers dans leurs mouvements naturels, est discutée et l'argument de Galilée à partir de là en faveur du mouvement de la terre est définitivement détruit.

I. Étant donné [dit Riccioli] que les Coperniciens ont vu que, si la terre était mue d'un mouvement diurne et annuel, la

88. Voir mon article mentionné dans la n. 51.
89. J. B. Riccioli, *Almagestum Novum,* vol. I, part. II, 1, IX, sect. iv, chap. IV et section iv, ch. XVII, pp. 398 sq.

trajectoire décrite naturellement par les corps lourds dans leur descente et par les corps légers dans leur montée [90] ne pourrait pas être en réalité une droite perpendiculaire à l'horizon, comme il nous semble, certains [membres] de la secte ont fourni un grand effort pour déterminer la forme de cette ligne ; en particulier Kepler, sans ajouter aucune preuve, et Gassendi, raisonnant par analogie avec le cas d'un projectile tiré d'un lanceur en mouvement, ont pensé que ce serait une parabole ou une courbe très voisine d'une parabole, comme nous l'avons rapporté au chapitre 4 de la présente section [91]. Mais Galilée et Boulliaud [92] ont enseigné que le mouvement serait circulaire ou composé de mouvements circulaires ; et, par surcroît, ils ont cru avoir trouvé dans le mouvement accompli sur une telle trajectoire la cause vraie et sûre du fait que le mouvement des corps lourds apparaît de plus en plus rapide vers sa fin, et ils ont tenté de baser là-dessus un argument, valable à première vue, pour confirmer le mouvement de la terre. Mais nous avons poussé cet argument plus loin qu'ils ne l'ont fait eux-mêmes et avons ouvert une

90. Riccioli est, en physique, en retard sur son temps et croit encore (malgré Galilée, Stevin et Benedetti) à la légèreté naturelle des corps, en tant qu'opposée à leur gravité naturelle. Il n'est donc pas surprenant que, comme nous le verrons (cf. *infra*, n. 186) il soit partisan de la conception semi-aristotélicienne du mouvement comme changement produit par une cause externe ou interne, et qu'il ne comprenne ni le principe de l'inertie, ni celui de la relativité du mouvement.

91. *Almagestum Novum*, vol. I, part. II, 1, IX, sect. iv, chap. IV, pp. 309 sq. (scholies). Dans les scholies II et III, Riccioli rappelle la théorie de Kepler citée *supra*, n. 4 ; Kepler n'a bien entendu jamais dit que la ligne de la chute serait une parabole. Riccioli ne fait que l'inférer du dessin de Kepler. Gassendi, dont Riccioli discute les idées dans les scholies suivants IV-IX et dont le *De motu impresso a motore translato* (Paris, 1642) n'a jamais étudié la trajectoire d'un corps grave descendant vers le centre de la terre, mais seulement la trajectoire d'un tel corps, lorsqu'il tombe de (ou est lancé en l'air sur) le sommet d'une tour ou du mât d'un bateau en mouvement. C'est seulement cette portion de la ligne de descente (ou de montée) que Gassendi, à la suite de Galilée, a identifiée à une parabole, identification qui est bien entendu pratiquement tout à fait satisfaisante. Ni Kepler, ni Gassendi n'ont donc apporté la moindre contribution au problème en discussion. Sur le traitement du problème de la chute par Gassendi, cf. mes *Études Galiléennes*, 3, 144 sq. En fait, c'est Gassendi qui fit *le premier* réellement l'expérience, tout au moins l'expérience publique, de lancer un projectile du mât d'un bateau en mouvement. Il est cependant possible que Thomas Digges ait procédé à une telle expérience ; cf. Francis R. Johnson, *Astronomical thought in Renaissance England*, Baltimore, Johns Hopkins, Univ. Press, 1937.

92. Cf. *supra*, pp. 22 sq. et pp. 59 sq.

brèche dans l'hypothèse copernicienne. Mais traitons d'abord de l'invention de Boulliaud.

II. Boulliaud, au chapitre 4 de son *Philolaüs* commence par rejeter l'opinion de ceux qui ont tenté d'énoncer une cause *a priori* de l'augmentation de la vitesse des corps graves de plus en plus considérable vers la fin de leur chute, mais surtout celle de ceux qui ont recours à une gravité plus forte ou à une seconde action de la gravité, et il dit : « D'autres veulent que le corps qui descend acquière une gravité plus forte. » Et il raille cruellement cette opinion, qu'il qualifie de raisonnement absurde et insipide au service d'une erreur manifeste ; en effet, la gravité, quoi qu'elle puisse être en soi, varie avec la quantité de matière ; si cette dernière est constante, la gravité l'est aussi. Mais il résulterait de leur opinion que du substantiel peut être produit par le mouvement local, ce qui est faux. Mais, comme le lui a très bien répliqué Scipio Claramontius dans la première partie de son *Antiphilolaüs*[93], au chapitre 4, ces auteurs n'ont pas compris que la nouvelle gravité acquise par ce mouvement ne l'est pas dans la première, mais dans la seconde action[94] ; et c'est pourquoi beaucoup d'entre eux l'appellent « gravitation » ou « *impetus* de translation vers le bas ». Cependant, après avoir rejeté les opinions sus-mentionnées et d'autres, Boulliaud conclut : « La raison de l'accélération du mouvement des corps qui tombent dépend donc entièrement du mouvement circulaire que la partie a nécessairement en commun avec le tout et que la partie conservera incontestablement dans sa chute aussi longtemps qu'elle ne sera pas, du fait de son état violent, mue d'un mouvement violent. » Il pense en outre que ce mouvement s'accomplit au moyen de deux mouvements circulaires opposés, qui ont pour effet de maintenir le corps mobile, selon les apparences, sur la même droite avec un mouvement non uniforme ; quoique en vérité chacun des deux mouvements circulaires soit uniforme. Pour le prouver, il invoque la démons-

93. Scipionis Claramontii, S.J., *Antiphilolaus, in quo Philolao redivivo de motu terrae et solis ac fixarum quiete repugnatur* Cesenae, 1643.

94. Ce qui signifie que la « nouvelle gravité », c'est-à-dire la « gravité » acquise dans et par l'accélération même du mouvement vers le bas doit être considérée, non comme appartenant à l'actualité « première », substantielle du corps, mais comme quelque chose qui, bien que n'étant pas pur accident, n'a cependant qu'une réalité secondaire et dérivée. Cette notion n'est nullement une « abstraction scolastique ». Elle est tout à fait analogue à la distinction contemporaine entre la « masse propre » d'un corps et son accroissement (relativiste) en fonction de la vitesse.

tration imaginée par Copernic (chap. 4 du livre III) pour la libration et le mouvement des équinoxes, démonstration que nous avons déjà exposée au livre III, chapitre 29, n. 10[95]. Néanmoins, il nous faut en donner ici un court exposé et l'appliquer à la présente question.

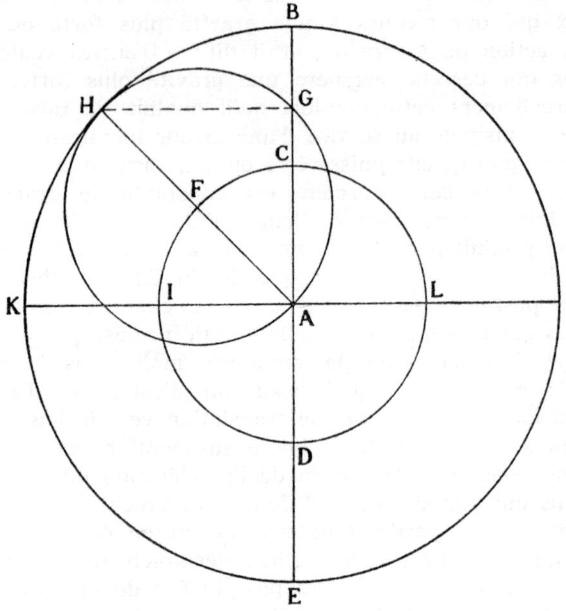

Fig. 13

III. Dans le diagramme qui suit[96], décrivons le cercle BKE de centre A, et un cercle plus petit CIDL, dont le rayon AC est la moitié du rayon AB ; et soit un autre petit cercle HGA, dont le centre F se déplace dans le sens du retard [d'ouest en est] sur la périphérie du cercle CIDL, de C en I. Supposons que, en même temps, un corps mobile sur la périphérie du cercle AGH se meuve avec une vitesse double dans le sens de l'avance [d'est en ouest] ; soient C le point de départ du mouvement du centre F

95. *Almagestum Novum,* vol. I, part. I, p. 171.
96. Le diagramme en question est celui de Boulliaud, que j'ai reproduit p. 60, mais je suis obligé de le présenter de nouveau (fig. 13), puisque Riccioli change les notations.

et B celui de l'autre mobile H. Cela posé, Copernic montre que, par l'effet de ces deux mouvements opposés de sens contraires le corps en mouvement restera sur la droite AB et que, lorsque le centre F décrit le demi-quadrant CF, le corps H, qui s'est trouvé en B, aura décrit le quadrant HG et sera en G. Et, quand le centre F, ayant décrit le quadrant de son cercle CFI, sera en I, il en résultera que le corps en mouvement, ayant décrit le demi-cercle HGA, sera en A. Donc, si ces mouvements se déroulent ainsi, le mobile ne quittera pas la droite BAE et ce mouvement, quoique ayant l'apparence de la non-uniformité, sera en fait uniforme sur les cercles sus-mentionnés.

Ainsi le mouvement des corps lourds, qui nous semble s'accomplir en ligne droite avec une vitesse de plus en plus considérable, est en réalité composé de deux mouvements circulaires uniformes.

Les sections 3 et 4 du chapitre dont nous traitons exposent les objections de Scipio Chiaramonti contre la théorie de Boulliaud. Mais, comme elles sont, non seulement parfaitement dénuées de valeur, mais aussi tout à fait traditionnelles et en outre basées sur une parfaite incompréhension de l'œuvre de l'astronome parisien, comme par surcroît Riccioli les rejette lui-même comme sans valeur, je ne les rapporterai pas : je reviens donc au texte de Riccioli qui, à bon droit, déclare pour conclure sa discussion sur Chiaramonti [97] :

V. C'est donc autrement qu'il faut réfuter Boulliaud. Et d'abord, si le corps lourd parcourait réellement en des temps égaux des distances égales sur son cercle, il frapperait la terre avec un *impetus* qui ne serait pas plus considérable s'il tombait d'une grande hauteur que [s'il tombait] d'une faible hauteur, ce qui est contraire aux nombreuses et très évidentes expériences décrites au chapitre 16, à partir du n° 6 [98]. En second lieu, ce n'est pas du mouvement déterminé par les mouvements des deux cercles sus-mentionnés que résulte l'augmentation de vitesse qui est manifeste dans le mouvement des corps et qui, nous l'avons montré chapitre 16, n°s 11 et 12 et prouvé au n° 24,

97. *Almagestum Novum, loc. cit.*, 399.
98. Le chapitre XVI contient une description de la mesure expérimentale de *g* par Riccioli. Sur ces expériences, cf. mon mémoire cité supra, n. 51.

théorème 3 [99], est proportionnelle aux nombres impairs comptés à partir de l'unité. Que l'[accélération] ne s'ensuive pas, il est aisé de la démontrer : selon Boulliaud, le corps lourd B arrivera en A lorsque le cercle CFD se déplace d'un mouvement uniforme dans le sens du retard d'ouest en est en même temps que le cercle BKE décrira un quadrant dans le temps où le corps [B] sur le cercle HGA décrira un demi-cercle dans le sens de l'avance [d'est en ouest]. Divisons le temps total de la descente en quatre parties égales. Dans la première [période] de temps le point extrême H du diamètre AFH décrira le quart du quadrant, soit 22° 30′, que nous représentons par l'arc BH ; en conséquence, son sinus verse BG mesurera 76 des parties dont le sinus verse total AB compte 1 000 ; et, à la fin de la seconde période il aura décrit 45°, dont le sinus verse est 293. Et, à la fin de la troisième période, il aura décrit 67° 30′, dont le sinus verse est 617 et finalement à la fin de la quatrième période il aura décrit le quadrant BHK dont le sinus verse AB est égal à 1 000 parties comme sinus total. Si l'on retranche le premier sinus verse du second, le second du troisième, et le troisième du quatrième, les différences seront les espaces traversés pendant chacune des quatre périodes, comme on le voit dans la première colonne du tableau ci-après [100].

Espaces traversés (pris séparément)	Espaces qui devraient être traversés (pris séparément)	Suite des nombres impairs
76	76	1
217	218	3
324	380	5
383	532	7

99. *Almagestum Novum*, vol. I, part. II, l. IX, sect. iv, chap. XV, n. 24, théorème 3 (p. 394) : « Non solum Galilaeus, ut ipse in dialogo 2 de systemate mundi... sed et nos certissimis experimentis, per intervalla temporum sensibilia deprehendimus praedictam proportionem numerorum pariter imparum ab unitate. » A cela se limite la preuve donnée par Riccioli à l'appui du théorème, selon lequel, dans leur mouvement naturel de descente, les corps suivent la loi établie par Galilée. Il est difficile d'apercevoir la différence que Riccioli établit entre *ostendere* et *inculcare*.

100. Il est très caractéristique des deux hommes et très remarquable que, tandis que Boulliaud ne daigne jamais employer de nombres concrets, ni confronter sa théorie avec des données expérimentales, cette confrontation est la première chose à laquelle pense Riccioli. Mais on ne peut pas ne pas remarquer l'absence de toute discussion théorique chez ce dernier.

Mais, selon l'accroissement de la suite des nombres impairs, que suit la vitesse des corps lourds, si l'espace de la première période est 76, les espaces des autres périodes pris séparément devraient être ceux inscrits dans la deuxième partie du tableau. Quoique l'espace traversé au moyen des cercles de Boulliaud pendant la seconde période soit à peu près égal à ce qu'il faudrait, néanmoins le troisième et le quatrième chiffres sont inférieurs à l'accroissement de vitesse qu'il faudrait. En fait, la boule d'argile de nos expériences, que j'ai décrite chapitre 16, n° 12, parcourut pendant la quatrième seconde de temps 240 pieds romains et 15 pendant la première[101], tandis que, si la proportion de Boulliaud était exacte, elle n'aurait pas parcouru plus de 76 pieds à la fin de la quatrième, ce qui est absurde et contraire aux expériences les plus évidentes. En troisième lieu, Boulliaud ne peut rendre compte au moyen des cercles susmentionnés de la vitesse des corps légers vers le haut[102], par exemple de l'air pur et du feu, parce que ceux-ci ne se meuvent pas vers le centre du tout auquel ils appartiennent, mais vers la circonférence. Ecoutons donc Galilée qui croit s'être approché davantage de la vérité au moyen d'un unique mouvement circulaire.

Démonstrations de Galilée par lesquelles il tente, moyennant acceptation de l'hypothèse du mouvement de la terre, de rendre raison de l'accroissement de vitesse des corps lourds[103].

VI. Galilée, dans le second Dialogue sur les deux Systèmes du Monde qui commence page 157 de l'[édition] italienne — page 119 de la traduction latine — énonce par la bouche de Philippe Salviati les propositions suivantes : *Premièrement*, que si le mouvement rectiligne des corps lourds vers le centre de la terre était uniforme, alors, étant donné que le mouvement de la terre vers l'orient est supposé être uniforme aussi, la composition de ces deux mouvements fournirait une spirale, à savoir l'une de celles qu'a définies Archimède en son livre sur les spirales : il dit qu'elle est décrite par un point qui se meut uniformément sur une ligne droite qui tourne uniformément autour de son autre extrémité comme centre de rotation.

101. Ce résultat de 15 pieds romains comme valeur de l'accélération d'un corps qui tombe — ou, plus exactement, de l'espace traversé par lui — dans la première seconde de la chute est la meilleure valeur obtenue avant Huygens. Le pied romain vaut 29,57 cm.

102. Riccioli croyait encore à une différence qualitative entre légèreté et gravité. Ainsi croyait-il que les corps légers accélèrent leur mouvement vers le haut dans la même proportion que les corps graves leur mouvement vers le bas.

103. *Op. cit., loc. cit.*, n. 6, p. 399 ; cf. *supra*, pp. 22 sq.

Mais comme le mouvement apparent des corps lourds est uniformément altéré[104] et continuellement altéré, la trajectoire qui résulte de ce mouvement [de descente] et du mouvement diurne de la terre s'éloigne nécessairement de plus en plus de la circonférence de cercle que le centre de gravité décrirait si la pierre demeurait au sommet de la tour. En outre, cet éloignement est nécessairement très faible et minime au début, parce que le corps lourd part du repos (c'est-à-dire d'une absence de mouvement de descente) et commence ce mouvement de descente, qu'il traverse donc nécessairement tous les degrés de lenteur intermédiaires entre le repos et quelque degré de vélocité que ce soit, et que ces [degrés] sont en nombre infini, comme il l'a expliqué auparavant.

Secondement. Étant donné que la descente naturelle des corps lourds du sommet de la tour vers le centre de la terre se produit d'elle-même comme vers son but, il s'ensuit nécessairement d'après lui que la trajectoire du mouvement composé s'éloigne de la périphérie du cercle décrit par le sommet de la tour dans une plus forte proportion [que s'il se mouvait uniformément] afin de pouvoir se terminer au centre de la terre.

VII. *Troisièmement.* La ligne susmentionnée est circulaire, ou très voisine d'un cercle, affirme-t-il page 160 de l'édition italienne (p. 121 de celle en latin), parce qu'elle satisfait aux conditions établies dans les propositions 1 et 2. Ce cercle, enseigne-t-il à la page précédente, est décrit comme suit[105] : soit A [fig. 5] le centre de la terre, BIM le quadrant de la périphérie de la terre décrit de A comme centre avec BA comme rayon, etc... Soit, en outre, BC la tour, dont le sommet C décrira autour du centre A un quadrant de cercle dans la même direction, c'est-à-dire vers l'orient, vers lequel la terre se meut dans sa rotation [diurne] ; divisons la distance totale AC en deux parties égales par le point E, de E comme centre, avec un rayon égal à AE, décrivons le demi-cercle AIC : « J'affirme, dit Galilée, qu'on peut admettre avec une probabilité suffisante que la pierre qui tombe du sommet de la tour C aura un mouvement composé du mouve-

104. *Uniformiter difformis,* c'est-à-dire changeant de façon uniforme, c'est-à-dire uniformément accéléré ou uniformément retardé. Il est intéressant de remarquer l'emploi par Riccioli de l'ancienne terminologie scolastique, en usage dans les écoles d'Oxford et de Paris — terminologie dont ni Galilée (ni, bien entendu, Descartes) n'usent à la différence de Mersenne.

105. Riccioli reproduit la figure de Galilée ; cf. *supra*, p. 23, fig. 4, et p. 34, fig. 5.

ment circulaire commun et de son mouvement rectiligne propre. » En effet, si on trace sur la circonférence CD des arcs égaux, par exemple CF, FG, GH, HL, LD et que du centre A on trace les lignes droites AF, AG, AH, AL, AD qui le joignent aux extrémités des arcs susmentionnés, les parties de ces droites interceptées entre les périphéris CD et CI, c'est-à-dire OF, PG, QH, RL, ID, représenteront la même tour, transportée vers D par la rotation du globe terrestre et des [espaces] que la pierre en sa chute nous semblera traverser en un mouvement rectiligne, espaces qui sont situés près de la base de la tour et sont entraînés dans la même direction sur l'arc BI d'un mouvement uniforme. De plus, les parties des lignes susmentionnées interceptées entre les périphéries CD et CI, c'est-à-dire FS, GT, HV, LX, DI, seront les espaces apparemment traversés dans la descente par la pierre à la fin des différentes périodes. Et les lieux où l'on verra la pierre à la fin desdites périodes seront S, T, V, X, I, points qui s'éloignent toujours dans une proportion plus forte de la périphérie CD ; le mouvement de la pierre nous paraîtra donc de plus en plus accéléré ; néanmoins, nous comprenons que, si rien ne l'empêche, ce mouvement doit se terminer au centre de la terre A, après avoir décrit le demicercle CIA.

VIII. *Quatrièmement*. Pages 159 (de l'ital.) et 120 (du latin), Galilée affirme que le mouvement naturel de la pierre est en réalité circulaire, bien que nous paraissant rectiligne, et qu'il décrit la simple circonférence d'un unique cercle, et que ce corps ne traversera pas en tombant moins d'espace que s'il demeurait au sommet de la tour C. Et ce, parce que l'arc total CD, qu'il décrirait s'il demeurait au sommet de la tour, est égal à l'arc CI qu'il décrit en tombant ; tout comme, pris séparément, l'arc CF est égal à l'arc CS et l'arc FG à l'arc ST.

Il en résulte la troisième partie de cette proposition, qu'il qualifie lui-même d'admirable, à savoir que le mouvement vrai de cette pierre est non accéléré, mais égal et uniforme en lui-même, quoique nous paraissant non uniforme, parce que, aux temps égaux (représentés par les arcs égaux CF, FG, GH, HL) pendant lesquels le sommet de la tour est mû, correspondent des espaces réels égaux CS, ST, TV, VX, XI. Cette circonstance, dit Galilée, nous dispense de rechercher les causes de l'accélération de ce mouvement, puisque le corps en mouvement, aussi bien en restant au sommet de la tour qu'en tombant, se meut toujours de la même façon, c'est-à-dire circulairement, avec la même vitesse et d'une façon uniforme. Or, il est aisé de démontrer que les arcs susmentionnés sont égaux [106].

Après cela, Galilée conclut, pages 160 (de l'ital.) et 121 (du lat.) par ces mots : « Et si, en ce qui concerne le mouvement de corps graves qui tombent, nous ne disons pas qu'il a lieu rigoureusement de cette façon, j'affirme avec certitude que la trajectoire du corps qui tombe est, sinon exactement, du moins approximativement celle-là. » Mais voyons maintenant les objections contre Galilée — l'une avancée par Chiaramonti, les autres par nous-même.

L'objection de Chiaramonti est une fois de plus de si médiocre qualité que Riccioli lui-même est obligé de la déclarer sans valeur. Nous passons donc directement à la sienne.

X. *Premièrement,* je répète ce que j'ai avancé contre Boulliaud. Si le mouvement des corps lourds tombant naturellement était en réalité uniforme et ne paraissait non uniforme que parce que les yeux s'y trompent [107], leur *impetus* ne serait pas plus grand quand ils tombent de haut que lorsqu'ils tombent d'une faible hauteur, et les innombrables effets qui résultent du choc plus violent des [corps] qui tombent de plus haut, et que nous avons rapportés au chapitre 16, n. 19, ne se produiraient pas [108].

Deuxièmement. D'excellentes expériences, faites en présence de nombreux témoins dignes de foi (décrites au chapitre 16,

106. La démonstration est, en effet, si facile que je crois inutile de la reproduire.

107. Il peut sembler étrange que Riccioli apparaisse incapable de saisir la signification du concept du mouvement relatif en tant qu'opposé à, et distinct de celui du mouvement absolu, car l'idée de cette opposition est aussi ancienne que la mécanique elle-même (cf. P. Duhem, *Le mouvement absolu et le mouvement relatif,* Paris, 1905). Mais, pour lui, le mouvement relatif est synonyme de mouvement purement apparent. Il le considère comme sans réalité et donc incapable de produire aucun effet réel. Cette insuffisance dans son ouvrage est surprenante, puisque Galilée, que Riccioli a étudié avec soin, a consacré un bon nombre de pages de son *Dialogo* à expliquer la différence entre ces deux sortes de mouvement, et à démontrer que c'est seulement en tant que mouvement relatif que le mouvement agit et a une réalité physique. L'incompréhension de Riccioli est en même temps révélatrice : elle prouve la difficulté de cette notion pour un esprit du XVIIᵉ siècle.

108. Cette conclusion de Riccioli, bien entendu complètement fausse, est basée sur son incapacité d'interpréter correctement la signification de la théorie de Galilée et de Boulliaud.

n. 13 et n. 14, et développées en plusieurs corollaires) ont montré que, si deux corps graves de poids différents sont lâchés en même temps de la même hauteur, le plus lourd descend plus rapidement, s'il est le plus lourd à la fois individuellement et spécifiquement [109], comme au corollaire 4 ; s'il est plus lourd individuellement, mais a spécifiquement le même poids ; et s'il a spécifiquement un poids plus grand et individuellement le même poids, comme au corollaire 2. Mais, afin de ne laisser aucune échappatoire, je vais examiner ici le dernier cas, traité au même chapitre, n. 13, expérience 12. J'ai dit alors qu'une boule en bois de 2 1/2 onces, lâchée au sommet de la Torre degli Asinelli à Bologne en même temps qu'une boule en plomb pesant aussi 2 1/2 onces, était encore éloignée du sol de 40 pieds ou 8 pas, au moment où celle en plomb frappait déjà le sol. Elles étaient lâchées à une hauteur de 280 pieds ou 56 pas, et la [boule en] bois ne traversait donc pendant ce même temps que 48 pas [110]. J'en ai déduit (probl. 5, ex. 2 au même chap. 16, n° 29) que si de telles boules étaient lâchées d'une hauteur de 929 210 milles italiens [111] [celle] en plomb frapperait la terre au bout de 6 heures, alors que celle en bois serait encore à 129 530 milles (c'est-à-dire 31 1/4 rayons terrestres) de la terre [112]. Cette expérience et d'autres similaires [113] ne peuvent pas s'expliquer par le mouvement circulaire défini par Galilée, ni être considérées comme ne s'en écartant que légèrement. En revenant à la figure du n° 7 [114], nous voyons que, si les deux sphères étaient lâchées en même temps au sommet de la tour C, et que chacune parvînt au centre de la terre A par la périphérie circulaire CIA, il serait nécessaire que, à tout moment du temps pendant lequel le

109. Que Riccioli tienne compte *à la fois* du poids individuel et de la gravité spécifique du corps, donne la mesure de la clarté et de la pénétration de sa pensée expérimentale.

110. Ce « retard » de la boule en bois (plus légère) n'est pas considéré par Riccioli comme un argument contre Galilée en faveur d'Aristote. Il l'explique très correctement comme un effet de la résistance du milieu ambiant (air) au mouvement des boules.

111. Le mille italien vaut 5 375 pieds.

112. Riccioli admet : *(a)* que la densité de l'atmosphère est constante dans tout l'univers, et *(b)* que l'accélération des corps qui tombent est constante, c'est-à-dire indépendante de leur distance à la terre. Cette dernière supposition est aussi le fait de Galilée et Borelli ; cf. mon mémoire *La gravité universelle de Kepler à Newton, Archives Internationales d'Histoire des Sciences,* n° 16, 1951, et *Études Newtoniennes,* Paris, Gallimard, 1968, p. 9.

113. Qualifier d' « expérience » le lâcher d'une boule en bois à une hauteur de 929 210 milles italiens est peut-être quelque peu prétentieux.

114. Cf. *supra,* p. 34, fig. 5.

mouvement se poursuit, chacune des sphères parût se trouver et se trouvât réellement au même point de cette même périphérie ; ainsi, quand [celle] en plomb est en S, [celle] en bois devrait être aussi en S et paraître y être pour notre œil placé en O. Et quand [celle] en plomb frappe le sol en I [celle] en bois doit assurément être au même endroit. S'il en était autrement, et que [celle] en bois ne fût pas aux mêmes points de la même périphérie, mais sur une autre, plus grande, et tracée néanmoins par le sommet C, cette ligne circulaire ne se terminerait pas au centre de la terre, mais en un point situé plus bas que ce centre [115], ce qui est contraire à la nature des corps graves et à la seconde proposition de Galilée, dont j'ai parlé au n° 6. Mais, si la sphère en bois était, pendant toute la durée du mouvement, aux mêmes points de la même périphérie que celle en plomb, elle descendrait avec exactement la même vitesse et ne serait pas distante de la terre de 40 pieds. C'est pourquoi le Père Grimaldi a émis l'hypothèse que, si dans ce même Dialogue 2 sur le Système du Monde, Galilée a nié que, dans le cas de deux corps graves de poids différents lâchés simultanément du même point, le plus lourd atteindrait le sol avant l'autre [116], c'était uniquement afin que cette [différence de vitesse] n'empêchât pas le mouvement des corps graves sur le cercle susmentionné imaginé par lui. Il est cependant possible que cette négation s'explique par [le fait] que son observation portait sur deux sphères de même poids et même quantité de matière, mais aussi de même espèce ; dans ce cas, la différence en fait de descente et de percussion apparaît beaucoup plus faible que lors des autres comparaisons [117], et ne ressort pas de façon manifeste, si le lâcher n'a pas eu lieu de très haut. Mais, comme on le voit dans le même Dialogue, Galilée n'eut pas recours à une distance supérieure à 100 coudées [118].

115. Ce raisonnement de Riccioli est parfaitement correct : la trajectoire semi-circulaire implique, comme l'a vu Mersenne, une vitesse de chute égale pour tous les corps, quelle que soit leur nature.

116. Le P. Grimaldi se trompe ; Galilée savait parfaitement bien que sur la terre, *in hoc vero aere,* les corps graves tombent plus vite que les corps légers.

117. La différence de vitesse (et de temps) de chute entre deux boules en plomb ou entre deux boules en bois de dimensions et poids différents est plus petite que la différence entre boule en plomb et boule en bois.

118. Pour ce qui est de ces expériences de Galilée, Mersenne allait jusqu'à douter que Galilée les eût jamais faites, cf. Marin Mersenne, *Harmonie Universelle,* 87, Paris, 1636, où Mersenne exprime sa surprise devant la très grande différence entre ses chiffres et ceux de Galilée.

Et il ne faut pas dire que cette inégalité serait admissible, si le globe en bois parcourait une autre périphérie légèrement supérieure à la périphérie CI ; car, s'il en était ainsi, les deux sphères n'en frapperaient pas moins le sol à peu près au même instant, et la différence de distance entre eux n'atteindrait pas 40 pieds. De plus, si les deux sphères étaient lâchées à une altitude de 929 210 milles, que la densité du milieu fût celle de l'air autour de nous, et qu'ils ne fussent pas consumés ou vaporisés par la chaleur engendrée au cours de leur mouvement avant d'arriver au sol, alors, lorsque la boule en plomb atteindrait le centre de la terre, après que 6 heures se fussent écoulées, celle en bois serait distante du centre A de 31 1/4 de rayons terrestres, comme je l'ai montré à la fin du chapitre 16, n° 29. Et cette différence mérite d'être remarquée [119].

XI. *Troisièmement.* Le mouvement de corps graves sur le cercle défini par Galilée ne peut représenter la plupart des mouvements de descente naturelle des corps graves, pas seulement parce qu'il n'explique aucun mouvement autre que le mouvement de descente de corps graves dans le plan de l'équateur [120], pas seulement parce qu'il n'explique pas la durée du mouvement de tous [les corps], mais uniquement de ceux qui, en raison de leur légèreté ou par manque d'une gravité plus considérable, sont si lents qu'ils ne peuvent arriver au centre de la terre en moins de 6 heures [121]. Mais on ne peut guère

Cf. aussi corol. I (p. 112), où, rapportant la description par Galilée, dans son *Dialogue,* du mouvement vers le bas de corps graves sur des plans inclinés, il ajoute :

« Je doute que le sieur Galilée ayt fait les expériences des cheutes sur le plan puisqu'il n'en parle nullement, et que la proportion qu'il donne contredit souvent l'experience : et desire que plusieurs esprouvent la mesme chose sur des plans differens avec toutes les précautions dont ils pourront s'aviser, afin qu'ils voyent si leurs experiences respondront aux notres, et si l'on en pourra tirer assez de lumiere pour faire un Theoreme en faveur de la vitesse de ces cheutes obliques, dont les vitesses pourroient estre mesurees par les differens effets du poids, qui frappera d'autant plus fort que le plan sera moins incliné sur l'horizon, et qu'il approchera davantage de la ligne perpendiculaire. »

119. En effet !

120. Cf. *supra,* pp. 16 sq. : Locher, et pp. 32 sq. : Mersenne.

121. Mersenne, dans ses objections à la théorie « semi-circulaire », admettait implicitement que tous les corps tombent avec la même vitesse ; il ne pouvait donc augmenter le temps de la descente qu'en augmentant la distance à traverser (cf. *supra,* p. 42). Riccioli peut utiliser également des variations de vitesse dépendant du poids de corps différents se mouvant dans un même milieu résistant.

trouver de pareils corps, si la descente doit se faire dans l'air ; même si la descente a lieu dans l'eau, les corps graves qui descendent si lentement sont très rares ; tel est cependant le cas d'une sphère faite d'une variété fort rare d'ébène, qu'on lâche dans l'eau, comme on le voit dans le problème que j'ai traité chapitre 16, n° 30. Mais bien plus nombreux sont les corps graves dont la descente n'a pas lieu dans le plan de l'équateur, et qui ne sont pas non plus lents au point de mettre 6 heures à décrire un rayon terrestre, c'est-à-dire 4 139 milles, comme il ressort clairement du chapitre 16, n. 25, ex. 3 et n. 30 [122]. J'ai dit [là] *premièrement* que le mouvement des corps graves ne s'explique pas [par la théorie de Galilée] si leur descente n'a pas lieu dans le plan de l'équateur, donc si la tour, de laquelle la pierre tombe, n'est pas sur l'équateur même ; car la démonstration de Galilée, rapportée n. 7 et 8, requiert que le cercle dont la périphérie CIA est décrite par la pierre soit dans le même plan que le centre de la terre A et le sommet de la tour C, donc dans le même plan que le cercle CD décrit par ce sommet dans sa rotation diurne, comme il résulte clairement de la construction de la figure et de l'hypothèse sur laquelle repose la démonstration ; mais il ne peut en être ainsi que si la tour est sur l'équateur ; en effet, si elle était hors de lui, au pôle la trajectoire de la pierre serait en fait une ligne droite et non un cercle ; d'autre part, si la tour était sur un plan parallèle à l'équateur, le parallèle décrit par le pied de la tour différerait de [celui] décrit par son sommet ; de plus, aucun de ces deux plans ne contiendrait le centre de la terre. En outre, dans ce Dialogue 2, pages 237 (ital.) et 179 (lat.) Galilée, en réponse aux sollicitations de notre Scheiner [123], reconnaît que la trajectoire ne serait pas circulaire en dehors de l'équateur, et que, pour d'autres parallèles, elle serait tracée sur une surface conique ; en effet, stimulé par la question suivante posée par Scheiner à la page 31 des *Disquisitiones :* « Quare centrum spherae delapsae sub Aequatore spiram describit in eius plano ? Sub aliis parallelis spiram describit in cono ? Sub polo descendit in axe lineam giralem decurrens, in superficie cylindrica consignatam ? », il répond comme suit : « A cause des lignes tracées du centre à la circon-

122. P. 396. Comme Riccioli se répète, il n'est pas nécessaire que je cite le passage visé par lui.

123. *Almagestum Novum, loc. cit.* 400, cf. *supra,* p. 14. Comme je l'ai signalé, Riccioli — bien qu'il indique la page des *Disquisitiones* — cite Locher (en l'appelant Scheiner), non d'après les *Disquisitiones* elles-mêmes, mais d'après Galilée ; cf. *supra,* n. 11, où je cite le texte authentique de Locher.

férence du cercle, lignes le long desquelles descendent les *graves ;* celle qui se termine sur l'équateur se confond avec un cercle, et celles qui se terminent sur d'autres parallèles décrivent des surfaces coniques ; quant à l'axe, il se borne à coïncider avec lui-même. »

C'est donc à tort qu'il affirme pages 121 (lat.) et 160 (ital.), qu'il affirme d'une façon générale que la trajectoire sera circulaire et que, ayant oublié (me semble-t-il) ce qu'il avait dit, il ne corrige pas cette assertion. J'ai dit secondement que, même à l'équateur, le mouvement des corps graves ne serait pas sauvegardé, s'ils n'étaient pas lents au point que leur arrivée au centre de la terre (s'il avait lieu à travers un tube plein d'air ou d'eau) prît exactement 6 heures. En effet, pour que la démonstration de Galilée rapportée aux n°s 7 et 8 soit correcte, il est nécessaire que la circonférence du cercle CIA sur laquelle le corps grave est transporté soit égale au quadrant CD, etc., que le sommet de la tour décrit en raison du mouvement diurne ; et que, lorsque le corps grave arrive en A par l'arc CIA, le sommet de la tour ait parcouru dans l'intervalle un quadrant de la rotation diurne, ce qui correspond à une durée de 6 heures. Autrement, si le corps grave mettait moins ou plus de 6 heures pour arriver en A par l'arc CIA, toute la démonstration de Galilée s'effondrerait. Mais, puisque dans la réalité ces deux conditions peuvent être réalisées, à savoir le lâcher du corps sur l'équateur, et un [corps] d'une lenteur telle qu'il lui faille 6 heures pour décrire le rayon de la terre, nous trouverons ici l'argument le plus fort contre le mouvement diurne, et aussi contre le mouvement annuel (qui ne peut exister sans le mouvement diurne). C'est ce qui va suivre...

L'argument le plus fort de Riccioli se trouve être celui qu'il a déjà employé contre Boulliaud et Galilée [124], à savoir que, si la terre se mouvait et que, en conséquence, les corps se mussent d'un mouvement uniforme sur un cercle — comme Galilée l'enseignait — alors ils arriveraient au sol avec la même vitesse, et par conséquent avec la même force ou le même élan. Comme il n'en est rien, il s'ensuit que la terre ne se meut pas [125].

L'argument de Riccioli apparaît de bonne qualité. En effet, pourquoi un corps se mouvant *à vitesse constante,*

124. Cf. *supra*, pp. 71 sq.
125. *Almagestum Novum, loc. cit.*, 401.

augmenterait-il son élan à mesure que s'accroît la distance traversée lors du mouvement ? N'est-il pas au contraire évident qu'il doit le conserver invariable et atteindre le sol, ou tout autre but, avec la même force, où que soit situé ce point d'arrivée ? Cette conclusion serait parfaitement irréfutable si le corps qui tombe décrivait à vitesse uniforme la trajectoire semi-circulaire de Galilée sur une terre immobile ; dans ce cas, incontestablement, il frapperait le sol — loin de la tour — avec une force formidable, identique au début et à la fin de sa course [126]. S'il se comporte autrement, c'est seulement parce que la terre, loin d'être immobile, se meut. Riccioli semble oublier que la terre accompagne le mouvement. Ou, qui pis est, il paraît incapable de comprendre que le résultat de la composition d'un mouvement circulaire uniforme avec un autre mouvement peut être un mouvement qui, non seulement *paraît,* mais *est* accéléré, tout comme il est incapable de comprendre (dans le cas de Boulliaud) que deux mouvements circulaires uniformes peuvent se composer en un mouvement rectiligne et accéléré. Il faut néanmoins interpréter cette incapacité comme preuve, non d'inintelligence ou de stupidité, mais seulement de la difficulté qu'il y a à assimiler des idées nouvelles, ou même à en adapter d'anciennes — comme la relativité du mouvement — à des conceptions nouvelles, comme le mouvement de la terre [127].

Lors de sa publication, l'argument de Riccioli ne souleva pas de discussion. Mais il se heurta à une forte opposition lorsque l'auteur le reproduisit en 1665 dans son *Astronomia Reformata* [127a] et même (comme nous le diront [127b] Stefano degli Angeli et Riccioli lui-même) un peu avant. Il se

126. Il se mouvrait en effet du commencement à la fin avec la vitesse de la rotation terrestre.

127. Il est intéressant de remarquer que les arguments de Riccioli firent impression même sur un esprit aussi pénétrant que James Gregory ; Cf. *infra*, p. 88.

127a. Dans son *Apologia* (cf. *infra*, p. 194) Riccioli nous dira que, dans son *Astronomia Reformata,* il a étendu son argument à des courbes autres que le cercle ; en fait, il l'avait déjà fait dans l'*Almagestum Novum ;* ainsi l'*Astronomia Reformata* n'apporte-t-elle à la discussion aucun élément nouveau.

127b. Cf. *infra,* pp. 160 sq. et pp. 197 sq.

produisit une polémique qui, d'abord limitée à des lettres et à une discussion verbale, devint ensuite publique, polémique dont James Gregory publia un long compte rendu dans le premier volume des *Philosophical Transactions* de la Royal Society[128].

Comme ce compte rendu, quoique cité par Rigaud[129], paraît avoir échappé à l'attention des historiens de Newton — probablement à cause de la difficulté d'accéder aux *Philosophical Transactions* — il me paraît valoir la peine d'être reproduit ici intégralement.

128. The Royal Society, *Phil. Trans.*, 1 : 684 sq. ; 1668.
129. S. P. Rigaud, *Historical Essay on the First Publication of Sir Isaac Newton's Principia*. Oxford, 1838.

VI. — RAPPORT DE JACQUES GREGORY [129a]

Compte rendu *d'une controverse* entre Stephane de Angelis, *Professeur de mathématiques à* Padoue, *et* Jean-Baptiste Riccioli, *Jésuite, telle qu'elle ressort de leurs ouvrages récemment imprimés, par* M. Jacques Gregory, *savant mathématicien, membre de la* Royal Society [130].

129a. [N.T.] Le rapport de Gregory est un mélange de latin et d'anglais. Dans le corps de son mémoire, A. Koyré en avait inséré le texte original *in extenso*, tandis qu'une série de notes présentait la traduction en anglais des passages en latin. Pour notre part, nous présentons, dans le corps de notre traduction française, ce rapport de Gregory *in extenso* en français, et dans une annexe spéciale (p. 207) le texte original latin et anglais complet.

De ce fait, le numérotage des notes offre ici quelques singularités inévitables, puisqu'on a voulu conserver autant que possible le numérotage même d'A. Koyré ; la concordance se trouve complètement rétablie à partir de la n. 140.

130. The Royal Society, *Phil. Trans.*, 1 : 693 sq. Les livres discutés dans le compte rendu de Gregory — il n'en cite pas les titres — sont :

(1) Stefano degli Angeli, *Considerazioni / sopra la forza / di alcune raggioni / fisicomattematiche / addotte dal M.R.P. / Gio. Battista Riccioli / Della Compagnia di Giesù nel suo Almagesto Nuovo / et Astronomia Riformata contro il / Sistema Copernicano / espresse in due dialogi da F. / Stefano De Gli Angeli / Venetiano, / Mattematico nello Studio di Padoua.* (Appresso Bartolo Bruni, Venetia, 1667.)

(2) Michele Manfredi, répondant à Angeli pour le compte de Riccioli, qui ne voulait pas entrer lui-même dans la polémique, en tout cas pas sous son nom [selon Sommervogel, cf. Carlos Sommervogel, S.J., *Bibliothèque de la Compagnie de Jésus,* s.v. « Riccioli », 6 : 1803, Bruxelles - Paris, 1895, « Manfredi » est simplement un pseudonyme de Riccioli], *Argomento / fisicomattematico / del padre / Gio. Battista Riccioli / Della Compagnia di Giesù / contro il moto diurno della terra / Confermato di nuouo con l'occasione della Risposta alle Considerazioni sopra la Forza del detto Argomento, etc. / Fatte dal M. R. Fr. Stefano De Gli Angeli / Mattematico nello Studio di Padoua / All' Illustriss. Signore Il Sig. / Co : Francesco Carlo / Caprara / Conte di Pantano, Gonfaloniere di Giustizia del / Popolo, e Commune di Bologna.* (Per Emilio Maria, e Fratelli de' Manolessi, in Bologna, 1668.)

(3) Stefano degli Angeli, se défendant contre Manfredi et contre-

Riccioli prétend dans son *Almagestum Novum* avoir découvert contre le mouvement de la terre plusieurs arguments nouveaux et démonstratifs. *Steph. de Angelis,* qui considère que ces arguments ne sont pas des plus solides, saisit l'occasion de

attaquant : *Seconde / considerazioni / sopra la forza / dell'argomento fisicomattematico / Del M. Reu. P. / Gio. Battista Riccioli / della Compagnia di Giesù, / contro il moto diurno della terra / Spiegato dal Sig. Michiel Manfredi nelle sue Risposte, e / Riflessioni sopra le prime Considerazioni / di / F. Stefano De Gl'Angeli / Venetiano / Mattematico nello Studio di Padova / Espresse da questi in due altri Dialogi III, e IV.* (Per Mattio Bolzetta de Cadorini, in Padoua, 1668.)

Outre les livres dont Gregory rend compte, il en existe cinq autres sur le même sujet :

(4) *Risposta / di Gio. Alfonso / Borelli / Messinese Matematico dello Studio di Pisa / Alle Considerazioni fatte sopra alcuni luoghi del suo / Libro della Forza della Percossa Del R.P.F. Stefano De Gl'Angeli / Matematico nello Studio di Padoua, / All' Illustrissimo, e Dottissimo Sig. / Michel Angelo Ricci* (Messina, 29 Febraro, 1688).

(5) Stefano degli Angeli, *Terze / Considerazioni / Sopra una lettera / Del Molto Illustre, et Eccellentissimo Signor / Gio. Alfonso Borelli / Messinese Mattematico nello Studio di Pisa, / Scritta da Questi in replica / Di alcune dottrine incidentemente tocche / Da Fra / Stefano De Gl'Angeli / Venetiano / Mattematico nello Studio di Padoua / Nelle sue prime Considerazioni sopra la forza di certo Argomento / contro il moto diurno della Terra, / Espresse da questo in un Dialoge / Quinto in ordine.* In Venetia M.DC.LXVIII / (Appresso li Heredi Leni con licenza de' Superiori).

Ces *Terze Considerazioni* ne figurent pas sur la liste de Sommervogel.

(6) Défense de Borelli par Diego Zerilli : *Confermazione / d'una sentenza / del Signor / Gio. Alfonso / Borelli M. / Matematico dello Studio di Pisa / di nuouo contradetta / Dal / M.R.P. Fra Stefano / De Gl'Angeli / Matematico dello Studio di Padoua / nelle sue terze considerazioni / prodotta da / Diego Zerilli.* (In Napoli, per Ludovico Caualo, 1668.)

(7) *Apologia / R.P. / Io. Bapt. Ricciolii / Societatis IESU / Pro Argumento / Physicomathematico / Contra Systema Copernicanum / Adiecto contra illud nouo Argumento ex Reflexo / motu Grauium Decidentium / . . .* (Venetiis, MDCLXIX. / Apud Franciscum Salerni, et Joannem Cagnolini / Superiorum permissu.) Sommervogel cite l'*Apologia del R.P. Gio. Battista Riccioli,* mais, chose curieuse, il prétend que c'est le même ouvrage que celui de Manfredi.

(8) Stefano degli Angeli, *Quarte / Considerazioni / Sopra la confermatione / D'una sentenza del Sig. Gio Alfonso Borelli M. / Matematico nello Studio di Pisa / Prodotta da Diego Zerilli / contro le terze Considerazioni / Di Stefano degli Angeli etc. E sopra l'Apologia del M.R.P. / Gio. Battista Riccioli / Della Compagnia di Giesu' / A favore d'un suo Argomento detto Fisico-Matematico / Contro il sistema Copernicano / Espresse dal medemo Stefano de gl'Angeli Venetiano Matematico / nello Studio di Padoua in due Dialoghi VI. e VII.* (In Padoua, Per Mattio Cadorin detto Bolzetta, 1669, con Licenza de' Superiori.)

Ouvrage qui ne figure pas sur la liste de Sommervogel.

faire savoir à l'univers qu'ils ne jouissent pas de plus d'estime en *Italie* qu'ailleurs. *Manfredi* entreprend, pour le compte de *Riccioli* de répondre aux objections d'*Angeli,* qui réplique à la réponse de *Manfredi.* La substance de leurs écrits est exposée ci-après.

Les arguments de *Riccioli* sont nombreux, mais la force de l'argumentation se concentre en trois d'entre eux.

Le *premier*

Des corps graves, lâchés en l'air, dans le plan de l'équateur descendent vers la terre, avec une augmentation de vitesse réelle et notable, et non seulement apparente. Mais, si la terre se mouvait uniquement d'un mouvement diurne autour de son centre, aucun corps grave, lâché en l'air dans le plan de l'équateur, ne descendrait vers la terre avec une augmentation de vitesse réelle et notable : ladite augmentation ne serait qu'apparente. Donc, ou bien la terre ne se meut pas, ou elle n'a pas pour mouvement unique un mouvement diurne [131].

Le *second*

Si la terre se mouvait d'un mouvement diurne, ou aussi d'un mouvement annuel, le choc d'un boulet de canon tiré vers le nord ou le sud serait beaucoup plus faible que [s'il était tiré] d'ouest en est. Mais la conséquence est fausse. Il en est donc de même de l'antécédent [132].

Le *troisième*

Si la terre avait une révolution diurne, alors une boule d'argile de 8 onces, lâchée à une hauteur de 240 pieds romains dans l'air en repos, tomberait vers la terre obliquement, sans accroissement de vitesse réel et physique, et certainement sans un accroissement de vitesse en proportion de [l'intensité de] la

131. La dernière partie de la phrase, que Gregory n'explique pas, fait sans doute allusion à la tentative de Roberval, d'expliquer l'accélération dans le mouvement de chute des corps graves par une combinaison des mouvements diurne et annuel de la terre. Étant donné que Riccioli est le seul (même Mersenne ne le fit pas) à avoir jamais pris en considération cette théorie, il ne paraît pas nécessaire de l'étudier ici.

132. L'argument de Riccioli est une forme modifiée (et affaiblie) de celui de Tycho. Cf. mes *Études Galiléennes,* 3 : 22 sq.

percussion et du son produits par la chute à partir de la hauteur indiquée. Mais la conclusion est absurde. La prémisse l'est donc aussi [133].

En réponse au premier de ces arguments, *Angeli* en nie la mineure, que *Riccioli* prétend prouver comme suit :

« Si la terre se mouvait seulement d'un mouvement diurne, un grave, lâché au sommet de la tour C dans le plan de l'équateur, décrirait en son mouvement naturel une portion de ligne CTI, qui serait sensiblement circulaire [fig. 14]. »

C'est ce que nie Angeli ; il démontre par le calcul à Riccioli que ses observations ne prouvent rien de tel. En effet (dit Angeli), d'après Riccioli le poids descend de 15 pieds en une seconde, de 60 pieds en deux secondes, de 135 pieds en 3 secondes, et ainsi de suite ; à partir du début les espaces croissent ainsi en raison doublée du temps ; et d'après le même auteur, AB (rayon de la terre) est de 258 700 000 pieds, et BC (hauteur de la Torre degli Asinelli à Bologne) de 240 pieds ; donc AC est comme 258 700 240 dont la proportion à FS, 15 pieds (la chute pendant une seconde), est celle de AC en 20 000 000 000 parties à

$$\text{FS } 11\,596 \frac{54\,356}{224\,189};$$

mais, en supposant avec *Riccioli* que CSIA est un demi-cercle, FS est égal à 53 parties [134] dont AC est 10 000 000 000. *Angeli* conclut que CSIA n'est nullement voisin d'un demi-cercle ; ce qui est tout à fait certain, c'est que s'il en est ainsi, le poids n'atteint pas le centre de la terre exactement en 6 heures ; car, dans ce cas envisagé par *Riccioli,* le poids atteint le centre de la terre en 21 minutes et 53 secondes [135].

Manfredi, dans sa réponse pour le compte de *Riccioli,* affirme qu'*Angeli* ne comprend pas la règle de trois, quand il donne FS

133. Le troisième argument ne fait que répéter le premier sous une autre forme. Mais, comme nous l'avons vu, le savant Jésuite voulait tirer le plus grand parti de ses expériences sur la chute des corps, expériences par lesquelles il avait établi la conformité aux faits de la loi galiléenne (raison doublée de l'espace au temps).

134. [N. T.] Il s'agit ici d'un calcul analogue à ceux de Mersenne (p. 42 *supra*), mais qui a le désavantage de ne pas être explicité.

135. Les arguments d'Angeli sont pratiquement identiques à ceux de Mersenne (cf. *supra,* p. 41) : notons incidemment que ce dernier n'est pas cité.

pour 11 596 $\frac{54\,356}{224\,189}$, dont AC est 20 000 000 000. Et dans sa réplique *Angeli* affirme que sa comparaison est si claire qu'on ne peut pour la confirmer rien dire de plus évident qu'elle-même ; entre-temps il s'en remet aux géomètres pour une détermination ultérieure.

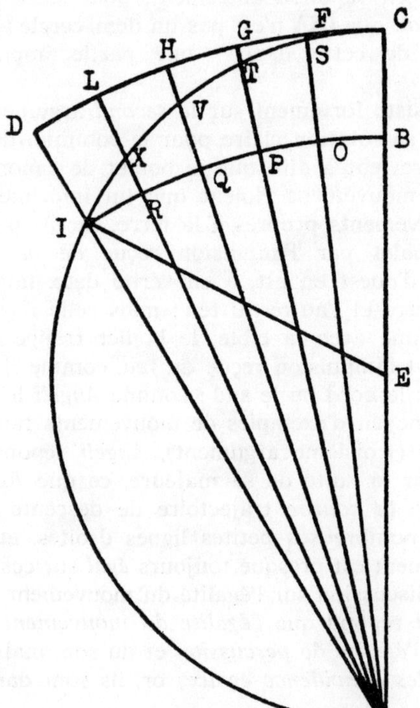

FIG. 14

Angeli aurait pu répondre à l'argument de *Riccioli,* en concédant que le poids se meut uniformément sur un demi-cercle et en faisant sur sa mineure le distinguo suivant :

Aucun corps grave ne descendrait vers la terre avec un accroissement de vitesse réel et notable, si la vitesse était mesurée sur la circonférence d'un demi-cercle ; la mineure est vraie. Mais le mouvement de descente n'est pas mesuré de la sorte ; en effet, ce mouvement uniforme sur la circonférence du demi-cercle CIA est composé du mouvement uniforme sur le quadrant CD et du mouvement accéléré sur le rayon mobile CA et ce mouvement accéléré sur le rayon est un mouvement véritable et simple de descente ; en ce sens, la mineure est tout à fait fausse et même *contraire aux expériences de Riccioli* [136]. Mais il semble qu'Angeli réponde autrement, pour faire prendre conscience à *Riccioli* que CIA n'est pas un demi-cercle : ils consacrent à la nature de cette ligne [137] une partie importante de la discussion.

Angeli insiste fortement sur le *second* argument, parce qu'il désire rendre sa solution claire pour le commun des esprits ; en substance, il revient à dire que le boulet de canon possède non seulement le mouvement violent que lui imprime le feu, mais aussi les mouvements propres à la terre, car ils ont été communiqués au boulet par l'impulsion reçue de la terre ; car le boulet allant d'ouest en est, a en vérité deux impulsions, l'une reçue de la terre et l'autre du feu ; mais celle reçue de la terre lui est commune avec la cible, le boulet frappe donc la cible avec seulement l'impulsion reçue du feu, comme il le fait quand il est tiré vers le nord ou le sud ; comme *Angeli* le montre excellemment au moyen d'exemples de mouvements familiers [138].

A *Riccioli* (troisième argument), *Angeli* répond en désirant le voir prouver la suite de sa majeure, ce que *Riccioli* fait, en supposant que la *courbe* trajectoire de descente du grave est composée de nombreuses petites lignes droites, et en prouvant que le mouvement est presque toujours *égal* sur ces lignes ; après un temps de discussion sur l'égalité du mouvement sur ces lignes droites, *Angeli* répond que *l'égalité du mouvement* ne suffit pas pour prouver l'*égalité* de *percussion* et du son, mais qu'elle exige aussi des *angles d'incidence égaux ;* or, ils sont dans ce cas très

136. Gregory, qui comprend clairement la signification de la relativité du mouvement, n'en commet pas moins la même erreur que Fermat et Angeli. Il interprète le mouvement de descente du corps grave comme un mouvement le long d'un rayon mobile, interprétation qui est cinématique, et non dynamique. Il n'est pas impossible que Gregory ait été au courant de la solution du problème par Fermat. Cela est même très probable : on s'attendrait cependant à ce qu'il mentionne que la ligne de descente sera, non un cercle, mais une spirale, comme dans la description d'Angeli.

137. Ce débat est très intéressant, et j'en parlerai plus loin.

138. Comme il est naturel (et exact) Stefano degli Angeli tente (inutilement) d'expliquer à Riccioli la signification de la relativité du mouvement dans l'hypothèse du mouvement de la terre.

inégaux. Pour illustrer davantage ce point, prouvons que, toutes choses étant égales d'ailleurs, la proportion de deux percussions est composée de la proportion directe de leurs *vitesses* et de la proportion directe des *sinus* de leurs angles d'incidence. Posons [139] le principe suivant : que (toutes choses égales d'ailleurs), les percussions sont en proportion directe des vitesses avec lesquelles un mobile s'approche d'un plan résistant [fig. 15]. Soit

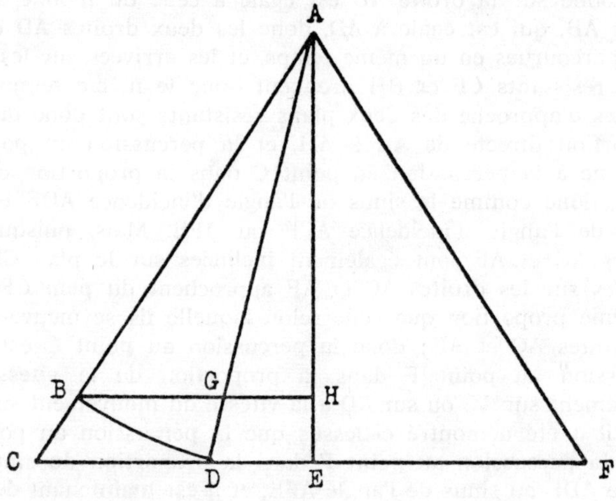

FIG. 15

CF le plan, et supposons deux mobiles égaux et semblables à tous égards, qui à partir du point A s'approchent du plan CF sur les droites AD, AF d'un mouvement égal ; je dis que la proportion de la percussion en D à la percussion en F est en proportion composée de la proportion de la vitesse sur la droite AD à la vitesse sur AF et de la proportion du sinus de l'angle ADE au sinus de l'angle AFE. Soit AE la droite normale au plan CF tirée par le point A, soit AC la droite égale à la droite AF, et AB la droite égale à la droite AD, BGH un plan parallèle au plan CF ; supposons qu'un mobile, semblable et égal aux premiers, se meut uniformément sur la droite AC avec la même vitesse que

139. [N. T.] Ici commence un texte latin que nous traduisons.

celle du mobile sur la droite AD ; puisque les plans BGH et CF sont parallèles, et que le mouvement sur la droite AC est uniforme, le mobile s'approche donc du plan BH avec la même vitesse que du plan CF et les percussions aux points B et C sont donc égales ; et la percussion au point D est à la percussion au point B comme la droite AE à la droite AH, ou (en raison de l'égalité des droites AD et AB) comme le sinus de l'angle ADE au sinus de l'angle ABH, ce que je prouve comme suit : la vitesse du mobile sur la droite AD est égale à celle du mobile sur la droite AB, qui est égale à AD, donc les deux droites AD et AB sont parcourues en un même temps, et les arrivées sur les deux plans résistants CF et BH prennent donc le même temps ; les vitesses d'approche des deux plans résistants sont donc dans la proportion directe de AE à AH, et la percussion au point D est donc à la percussion au point C dans la proportion de AE à AH, donc comme le sinus de l'angle d'incidence ADE est au sinus de l'angle d'incidence ACE ou AFE. Mais, puisque les droites AC et AF sont également inclinées sur le plan CF, les mobiles sur les droites AC et AF approchent du plan CF avec la même proportion que celle selon laquelle ils se meuvent sur les droites AC et AF ; donc la percussion au point C est à la percussion au point F dans la proportion de la vitesse du mouvement sur AC ou sur AD à la vitesse du mouvement sur AF. Mais il a été démontré ci-dessus que la percussion au point C est à la percussion au point F dans la proportion du sinus de l'angle ADE au sinus de l'angle AFE, et il est maintenant démontré que la percussion au point C est à la percussion au point F comme la vitesse du mouvement sur AD est à la vitesse du mouvement sur AF. C'est pourquoi, d'après la définition 5 du livre 6 des Éléments, la percussion en D est à la percussion en F dans une proportion composée de la proportion du sinus de l'angle d'incidence ADE au sinus de l'angle d'incidence AFE et de la proportion de la vitesse sur AD à *la vitesse* sur AF ; ce qu'il fallait démontrer.

Que personne ne s'émeuve de ce que cette démonstration soit limitée au cas de mouvements uniformes sur des lignes droites et de surfaces résistantes planes ; elle est vraie dans tous les cas ; en effet, comme les percussions ont lieu ponctuellement, il n'y a point de différence à cet égard entre droite et courbe, entre uniformité et non-uniformité ; et si les percussions ne sont pas ponctuelles, on ne peut pas les traiter géométriquement, mais il faut alors apprécier l'inexactitude de la conclusion d'après l'écart de la matière par rapport aux conditions requises, comme il se doit toujours quand on applique à un corps physique des démonstrations géométriques.

Dans sa réplique à *Manfredi, Angeli* mentionne une expérience qui (d'après la relation que lui en aurait faite un gentilhomme suédois) avait été faite avec toute la circonspection voulue par Descartes pour prouver le mouvement de la terre. Elle consistait à dresser un canon perpendiculairement à l'horizon et à faire feu 24 fois dans cette position ; le boulet tomba 22 fois du côté de l'ouest et seulement deux fois du côté de l'est [141].

140. Analyser la théorie de la force de percussion de Gregory et apprécier son intérêt pour l'histoire de la dynamique et des luttes au sujet de la mesure exacte de la force de percussion sortiraient du cadre de la présente étude. La signification de cette théorie, en tant qu'argument contre Riccioli, réside dans le fait de suggérer que, puisque dans l'hypothèse du mouvement de la terre, la trajectoire du corps qui tombe serait une ligne courbe (un cercle), ce corps parviendrait à la surface de la terre en faisant avec cette surface des angles différents, et que la force de percussion croîtrait avec la grandeur des angles.
Ce raisonnement est si erroné qu'on s'étonne de voir Gregory le faire sien : plus exactement l'on s'en étonnerait, si on n'avait déjà vu de nombreux exemples de la difficulté de comprendre les concepts fondamentaux de la nouvelle dynamique et surtout de les appliquer au monde physique. Sur James Gregory, cf. Herbert Western Turnbull, *James Gregory,* G. Bell, 1939.

141. Inutile de dire que Descartes n'a jamais fait une expérience aussi stupide. L'histoire est racontée par Stefano degli Angeli dans ses *Seconde Considerazioni,* 100.

VII. — BORELLI

Je n'ai pas besoin d'insister sur l'intérêt et l'importance historique du compte rendu par James Gregory de la polémique suscitée par la tentative du R.P. Riccioli de prendre la loi galiléenne de la chute pour base d'une réfutation de l'astronomie copernicienne. Je dois cependant souligner que la communication de Gregory à la Royal Society [142] indique très clairement que son rapport ne couvre pas la totalité du débat italien, et que ce débat comportait en outre une discussion sur la trajectoire décrite, dans l'hypothèse du mouvement de la terre, par un corps tombant d'une haute tour, problème auquel nous nous intéressons (à la différence, malheureusement, de James Gregory).

Nous ne pouvons donc pas nous contenter du rapport de Gregory, et il nous faut nous adresser aux publications dont il parle, et à d'autres aussi, dont il ne parle pas. Comme nous allons le voir tout de suite, elles méritent une analyse claire et patiente.

Le point de départ de la polémique italienne est constitué, en fait, non par les *Considerazioni* de Stefano degli Angeli, mais par certaines remarques de Jean Alphonse Borelli qui figurent dans son traité *De vi Percussionis,* publié la même année que l'ouvrage du professeur de Padoue, mais de toute évidence quelques mois auparavant.

Pour le dire en passant, il est étrange que Gregory, qui doit avoir connu le livre de Borelli [143], ne fasse aucune men-

142. Le mémoire de James Gregory fut lu devant la Royal Society, le 15 juin 1668.

143. James Gregory étudia à Padoue, de 1664 à 1668 ; c'est à Padoue qu'il publia les première (1667) et seconde (1668) éditions de sa *Vera circuli et parabolae quadratura.*

tion de ces remarques très pertinentes et pénétrantes ; cela est d'autant plus étrange que, comme nous allons le voir, Stefano degli Angeli les discute longuement. Il est bien entendu possible que Gregory n'ait pas voulu nommer Borelli à cause de leur rivalité dans l'élaboration de la théorie de la percussion [144]. Quoi qu'il en soit, l'analyse par Borelli de la trajectoire de chute d'un corps grave (quoique bien entendu fausse) est la meilleure qui ait existé avant Hooke et Newton. Il est le seul à avoir réussi à démêler le point de vue purement mathématique du point de vue physique. Il est aussi le seul avant Hooke à ne pas avoir l'esprit obnubilé par la conception traditionnelle, selon laquelle (que la terre soit mue ou non) un corps grave doit dans tous les cas se mouvoir vers le centre de la terre le long d'une ligne parfaitement droite (bien entendu, il continue à croire néanmoins qu'en fin de compte le corps arrivera en ce centre). C'est ainsi que, pages 108-109 du *De vi Percussionis,* nous lisons le passage suivant, où Borelli, tenant compte des théories de Galilée, Fermat et Mersenne (sans les nommer) écrit [145] :

Il faut maintenant parler du mouvement composé par un mouvement circulaire uniforme et un mouvement vertical descendant uniformément accéléré vers le centre du cercle ; ce mouvement ne décrit ni la circonférence d'un cercle, ni une parabole, ni une spirale particulière, comme l'ont cru certains auteurs récents.

Soit AB un cercle [fig. 16] de centre C, et supposons que le corps A décrive AB avec un *impetus* circulaire transverse et uniforme, mais descende simultanément vers le centre C d'un mouvement uniformément accéléré ; il décrira certainement une trajectoire courbe AGH, qui (on peut facilement le démontrer) ne sera pas exactement circulaire ; car les descentes seraient entre elles dans la proportion des sinus verses des moitiés des arcs AH et AG pris séparément ; par suite elles seraient dans un rapport plus petit que celui des carrés des temps, ce qui est

144. Tandis que la force de percussion est selon Gregory proportionnelle au sinus de l'angle d'incidence, elle est, d'après Borelli, proportionnelle au sinus du complément de cet angle. Cf. *supra,* p. 92, et J. A. Borelli, *De Vi Percussionis,* prop. XXXX, p. 83, Bononiae, 1667.

145. Le passage étant particulièrement important, nous donnons en annexe le texte original cf. *infra* p. 211.

faux ; de même il est clair que [ce mouvement] ne décrira pas une parabole ; reste la dernière opinion, celle de ceux qui croient qu'il décrit une spirale ne différant de celle d'Archimède que du fait du mouvement accéléré vers le centre ; ils croient donc

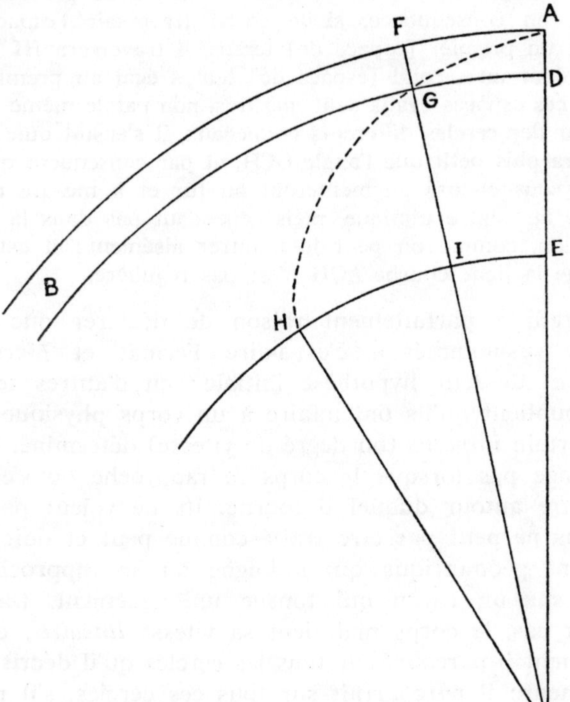

FIG. 16

qu'en des temps égaux [ce mouvement] décrira autour du centre C des angles égaux ACG et CGH, et qu'en ces temps égaux [le corps qui se meut ainsi] traversera les espaces AD et DE qui sont [entre eux] dans le rapport de un à trois.

Mais les auteurs sus-mentionnés ne s'aperçoivent pas qu'ils s'écartent de l'hypothèse admise ; car ils ont supposé que le corps en mouvement A se mouvait en conservant le même *impetus* transverse ; donc, si le corps grave A restait toujours sur la circonférence AB, il est clair qu'en des temps égaux il traversait des espaces égaux sous-tendant des angles au centre égaux ; mais, comme le corps se meut sur des circonférences de cercles qui vont toujours en diminuant, il en résulte que ces espaces égaux traversés par l'*impetus* (qui conserve la même intensité) sous-tendront des angles au centre de plus en plus grands ; en conséquence, si le corps traversait l'espace DG pendant un premier [espace de] temps, il traversera HI égal à DG pendant un second [espace de] temps égal au premier, et, comme ces espaces égaux sont mesurés, non par le même cercle, mais par des cercles différents et inégaux, il s'ensuit que l'angle ACG sera plus petit que l'angle GCH, et par conséquent que ces angles [sous-tendus] augmenteront au fur et à mesure que la distance au centre diminue, mais cependant pas dans la même proportion, comme on peut le montrer aisément ; il est donc clair que la ligne courbe AGH n'est pas régulière.

Borelli a parfaitement raison de déclarer que « les auteurs sus-nommés », c'est-à-dire Fermat et Mersenne, s'écartent de leur hypothèse initiale ; en d'autres termes, qu'ils oublient qu'ils ont affaire à un corps physique doué d'un certain *impetus* (ou degré de vitesse) déterminé, lequel ne change pas lorsque le corps se rapproche ou s'éloigne du centre autour duquel il tourne. Ils ne voient pas que ce corps ne peut pas être traité comme peut et doit l'être un point géométrique qui s'éloigne ou se rapproche du centre sur un rayon qui tourne uniformément. Dans le premier cas, le corps maintient sa vitesse *linéaire ;* et par conséquent il parcourt sur tous les cercles qu'il décrit (plus exactement : il parcourrait sur tous ces cercles, s'il restait sur eux) la même distance angulaire « inégale ». Dans le second cas, le point tourne avec une vitesse angulaire constante ou, pour employer la terminologie de Borelli, avec un *impetus* qui change constamment.

Borelli explique ensuite (pp. 110 sq.) que l'intensité d'une percussion « oblique » doit être mesurée, non par l'*impetus* le long de la trajectoire « oblique », mais seulement par l'*impetus* sur la perpendiculaire, ce qui, ajoute-t-il, nous permet de réfuter l'argument avancé récemment par un célèbre auteur (Borelli ne le nomme pas, mais il s'agit de Riccioli), selon qui, si la terre se mouvait, le mouvement d'un corps tombant du haut d'une tour serait uniforme et par conséquent l'intensité de percussion n'augmenterait pas, tout au moins pas sensiblement, en fonction de la hauteur de chute. L'auteur célèbre, explique Borelli, oublie que le point ou plan d'impact n'est pas immobile dans l'espace universel, mais est entraîné en même temps que la tour et le corps qui tombe à partir de son sommet.

La contradiction qu'implique la conception de la chute « en spirale » paraît manifeste. Cependant, personne ne l'avait relevée avant Borelli ; même après que Borelli l'eut révélée, la plupart de ses contemporains demeurèrent (comme nous allons le voir) incapables de la saisir. Il est curieux de constater que le R.P. Giambattista Riccioli, qui ne parvint jamais à comprendre la conception galiléenne du mouvement, saisit, lui, cette différence, à la différence de Stefano degli Angeli, qui au premier abord semble avoir compris cette conception.

Mais, avant de passer à l'étude de la critique de Borelli par Angeli, je désire souligner la curieuse incapacité de Borelli lui-même à appliquer correctement les principes de la nouvelle mécanique, à l'analyse de la chute. Cette incapacité est d'autant plus curieuse qu'il avait lui-même, avec un bien meilleur résultat, appliqué ces principes à l'analyse des mouvements célestes dans sa *Theorica Medicearum Planetarum* [146], publiée ou du moins écrite deux ans avant le *De Vi Percussionis.*

En fait, dans l'ouvrage le plus récent, comme nous l'avons vu, Borelli parle d'*impetus* circulaire uniforme, oubliant pour ainsi dire que dans la nouvelle mécanique un *impetus* uniforme est toujours rectiligne [147], tandis que dans l'ouvrage antérieur il s'était libéré de l'obsession de la circularité au point d'introduire (pour la première fois dans l'histoire de l'astronomie) des forces centrifuges dans la

146. G. A. Borellus, *Theorica Medicearum Planetarum ex causis physicis deducta,* Bononiae, 1666. Sur la mécanique céleste de Borelli, cf. mon article, La mécanique céleste de Borelli, *Revue d'Histoire des Sciences,* 6 : 100-138, 1952. [N.T.] Cf. A. Koyré, *La Révolution Astronomique,* Hermann, Paris, 1961.

147. Dans la dynamique moderne — de Galilée et Newton — le mouvement circulaire est, non uniforme, mais accéléré.

mécanique céleste[148]. En outre, lorsqu'il étudie le cas (parfaitement analogue à celui dont il traite dans le *De Vi Percussionis*) du mouvement des corps célestes tendant vers le soleil et tournant autour de lui, il déduit de la « composition » de ces deux mouvements la trajectoire elliptique des planètes.

Pourquoi ne transposa-t-il pas ce raisonnement dans le cas du corps qui tombe de la tour ? Il est tout à fait improbable qu'il ait dans l'intervalle reconnu un caractère de fausseté à sa déduction de la trajectoire elliptique des planètes ; car il l'aurait déclaré. Il est manifeste que, même pour lui, cette analogie, pour nous si évidente, n'existait pas et que le cas d'une balle tombant verticalement (tout au moins approximativement) de la Torre degli Asinelli n'avait aucun rapport avec celui des planètes dans leur révolution autour du soleil ; les planètes n'étaient assujettis à aucune nécessité d'atteindre le centre de l'univers, tandis que le corps grave devait atteindre le centre de la terre.

Aussi ne perçut-il pas l'analogie entre mouvements célestes et terrestres, et son analyse de la descente des corps *dans l'hypothèse du mouvement de la terre* fut de ce fait entachée d'erreur. Il n'en reconnut pas moins, et ce n'est pas un mince mérite, cette conséquence inévitable de la nouvelle conception du mouvement (méconnue par Galilée, nous l'avons vu) que, si la terre se mouvait, la boule qui tombait ne devait, ni se mouvoir parallèlement à la tour, ni tomber à son pied. Elle ne devait pas non plus, comme le supposait l'ancienne théorie, à laquelle s'en tenaient des hommes comme Riccioli, prendre du retard et tomber vers l'ouest. Elle devait au contraire prendre de l'avance et *tomber vers l'est* de la tour[149] ; conclusion si évidemment contraire au sens commun et à l'expérience commune que Borelli lui-même ne put l'accepter et qu'elle devint la base de la contre-attaque de Stefano degli Angeli contre Borelli.

148. Cf. mon article, La Gravitation universelle, de Kepler à Newton, *Archives Internationales d'Histoire des Sciences, 1951*. [N.T. — L'article est repris dans A. Koyré, *Études Newtoniennes*, Gallimard, Paris, 1968.]

149. Il vaut la peine de noter que, bien qu'il vît cette conséquence de sa théorie, il ne put y croire et en conséquence ne l'annonça pas au monde, pas en tout cas sous forme imprimée. Le *De Vi Percussionis* se tait là-dessus. Cf. *infra*, p. 143.

VIII. — S. DEGLI ANGELI CONTRE BORELLI ET RICCIOLI

Les *Considerazioni* de Stefano degli Angeli (franche imitation du fameux *Dialogue* de Galilée) revêtent la forme de deux dialogues entre le comte Leszcinsky [149a], un Vénitien qui ne nous est pas autrement connu, du nom de Ofreddi, et Stefano degli Angeli lui-même, présenté sous la désignation transparente de « Mathématicien » [150] ; elles sont principalement consacrées à la critique des arguments, anciens et nouveaux, avancés par le R.P. Giambattista Riccioli contre le mouvement diurne de la terre. Stefano degli Angeli (qui est évidemment copernicien) prend dans son ouvrage une position prudente : il déclare fermement l'immobilité de la terre et l'affirme comme vérité divinement révélée, et n'ayant par conséquent besoin d'aucune démonstration par la raison ou l'expérience ; ce qu'il critique, ce n'est pas la thèse de Riccioli, ce sont ses raisonnements et preuves. Comme Galilée dans son *Dialogue sur les deux plus grands systèmes du monde,* il s'efforce, en multipliant les exemples soigneusement analysés, de familiariser le lecteur avec le concept

149a. Probablement Bohislav Leszczinsky (1633/4-1691) qui, avec son jeune frère Jan, se trouvait à Prague dans les années 1660. On ne sait pas grand-chose sur Jan, qui mourut en 1668. Pour ce qui est de Bohislav — *Reverendissimus D.D. Bohuslaus Comes de Lesno Leszczynski Praepositus Procensis, Canonicus Cracoviensis,* il fut élu Conseiller de la « Nation Polonaise » de l'Université de Padoue ; en 1679, la reine Eléonore fit de lui son Chancelier. Son neveu, Stanislas, devint roi de Pologne en 1704.

150. Stefano degli Angeli (1623-1679 ?), Jesuate — et non Jésuite comme indiqué dans Poggendorff, *Bibliographisch-Literarisches Handwörterbuch zur Geschichte der exacten Wissenschaften,* 1 : 46, Leipzig, 1863 — fut professeur de mathématiques à Padoue et écrivit de nombreux ouvrages sur la quadrature des courbes géométriques, ainsi que deux livres sur les spirales.

fondamental de la dynamique nouvelle, la relativité galiléenne du mouvement [151]. Mais il ne se limite pas à cette tâche purement négative. Il nous offre une solution positive du cas (hypothétique) d'un corps grave descendant d'en haut sur une terre qui se meut.

La critique de Riccioli par Angeli a été suffisamment traitée par James Gregory et je n'y reviendrai pas. C'est vers la solution positive (omise par Gregory) que nous allons tourner maintenant notre attention.

En fait, cette solution est exactement celle de Fermat. Stefano degli Angeli, sans citer le grand mathématicien français [152], la présente comme sa solution propre de la question, soulevée par le Comte Leszcinsky, de la vraie nature de la courbe décrite par un corps qui tombe au cours de son mouvement vers le centre de la terre [153] :

Le Mathématicien. — Supposons que la terre se meuve, soit seulement du mouvement diurne, soit aussi du mouvement annuel. Plaçons-nous, soit à l'équateur, soit sur un autre parallèle. Je n'ai traité que le cas de ce qui se produit sur l'équateur, et en admettant seulement le mouvement diurne ; car ce mouvement, continué jusqu'au centre, serait une spirale, que je pourrais tracer par points à la façon dont les géomètres tracent par points les sections coniques ou d'autres courbes. En outre, je connais exactement la proportion de l'espace spiral au secteur du cercle qui le contient.

151. Les exemples du bateau en mouvement, de la boule qui descend dans une baguette verticale creuse qu'un coureur déplace horizontalement, d'un canon déplacé pendant qu'il fait feu, etc...

152. Il semble bien improbable que Stefano degli Angeli ait ignoré les *Cogitata Physico-Mathematica* (1644) de Mersenne, d'autant plus que son analyse de l'exemple du canon en mouvement est strictement conforme à celle que donne Mersenne dans ses *Phenomena ballistica ;* nous ne devons toutefois pas oublier qu'Angeli étudia à fond la géométrie des spirales — il publia en 1660 un *De infinitorum spiralium spatiorum mensura opusculum geometricum* — reconnut également le caractère particulier de la spirale de Fermat et fit une étude des spirales renversées dans son *De infinitis spiralibus inversis* publié à Padoue en 1667. En outre, lorsque Borelli (cf. *infra*, p. 136) l'accuse d'avoir emprunté sa solution à Fermat, S. degli Angeli proteste avec véhémence et affirme qu'il l'ignore, n'ayant pas étudié, mais seulement feuilleté l'ouvrage de Mersenne (cf. *infra*, p. 153).

153. *Considerazioni sopra la forza di alcune ragioni fisico mattematiche, addote dal M.R.P. Gio. Battista Riccioli, espresse in due Dialoghi* du P. Stefano degli Angeli, 26, Venetia, 1667.

Le Comte désirant naturellement connaître la démonstration, Stefano degli Angeli (le mathématicien) poursuit [154] :

Bien, je vais vous satisfaire promptement.

Nous admettons, *premièrement,* comme étant établi, que le corps grave descend de telle façon que les espaces traversés sont proportionnels aux carrés des temps. *Deuxièmement,* que [la droite] AC, qui représente le rayon de la terre plus la Torre degli Asinelli, mesure 25 870 240 palmes romaines [comme l'admet Riccioli]. *Troisièmement,* [que] en une seconde le corps grave descend de 15 pieds. A partir de ces suppositions, nous allons rechercher de la façon suivante le temps que mettra le corps pour atteindre le centre. La proportion de 15 pieds, distance parcourue en une seconde, à 25 870 240 est égale au rapport du carré d'une seconde à 1 724 682 2/5, c'est-à-dire au carré du temps en secondes de la descente totale jusqu'au centre. La racine carrée la plus proche, 1 303, sera le nombre de secondes de temps qu'il mettra pour y arriver. Ce sera approximativement 21 minutes et 43 secondes. Ce qui, converti approximativement en degrés de l'équateur, donnera 5 degrés, 25 minutes, 45 secondes [d'arc]. Si alors nous considérons le secteur de l'équateur DAC dont l'arc DC est de 6° 25′ 45″ la spirale CBA y sera contenue [155]. Donc, si nous voulons tracer cette ligne par points, considérant par exemple un arc de l'équateur de 4″, CF et traçant [le rayon] AF ; et si sur ce rayon nous prenions FO égal à 15 pieds, la spirale passerait par le point O. De la même façon, en prenant CE de 8″ et en déterminant sur AE [le segment] EB égal à 60 pieds, la spirale passerait par B. De même pour les autres. De cela on peut conclure que les espaces de spirale traversés en des temps égaux augmenteront à mesure que le corps s'approche du centre et que, en conséquence, il se meut plus rapidement sur le rayon.

De nouveau le Comte pose la question pertinente :

Mais comment connaissez-vous la proportion géométrique de l'espace CBA au secteur DAC qui le contient ?

Ce qui permet à Stefano degli Angeli de poursuivre [156] :

Dans un ouvrage prêt pour la publication, j'étudie deux sortes de spirales infinies : je considère le cercle, ou un secteur

154. *Ibid.*, 28.
155. Faute d'impression évidente, il faut lire : 5° 25′ 45″.
156. *Ibid.*, 29.

quelconque CDA, je suppose deux mouvements accomplis en même temps, l'un, [celui] du rayon CA autour du centre A sur l'arc CED, l'autre, [celui] du point C [à partir] du [point] A sur [le rayon] CA, leur proportion étant telle que le mouvement du rayon sur l'arc soit uniforme, et celui du point C sur CA uniforme ou accéléré proportionnellement à n'importe quelle

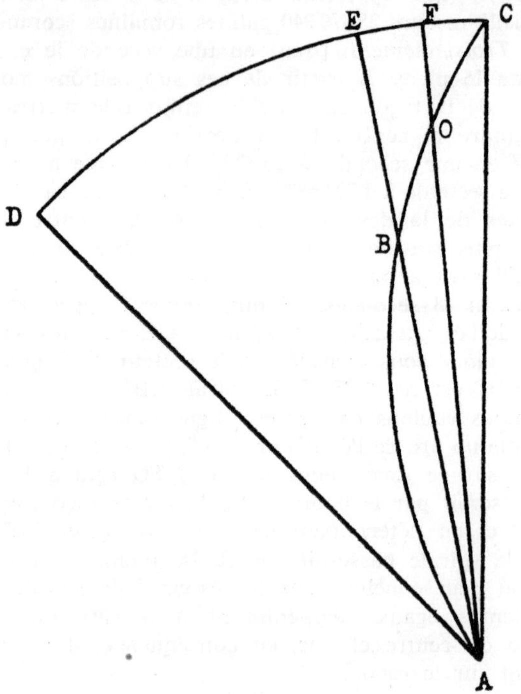

FIG. 17

puissance des temps ; ou inversement que ce dernier soit uniforme et l'autre uniforme ou accéléré. Et j'ai [déterminé] géométriquement la proportion de tous ces espaces aux secteurs [correspondants]. Les démonstrations sont complexes ; vous ne pourrez donc en prendre connaissance que lorsque je les publierai [157]. Jusque-là, il suffira de savoir que, dans notre cas,

157. Comme je l'ai dit, Stefano degli Angeli publia ce livre la même année (1667) que les *Considerazioni*, auxquelles il se réfère dans la

dans lequel la spirale décrite sera la seconde du premier ordre, le secteur [DAC] sera à l'espace [CBA] dans la proportion de 15 à 8.

Fort bien. Mais le Comte a récemment feuilleté un livre de Giovanni Alfonso Borelli, dans lequel l'auteur nie que la courbe en question soit une spirale. Angeli a vu le livre aussi, car le grand mathématicien le lui a aimablement offert. Il n'a pas eu encore le temps de l'étudier, mais le livre est à portée. Que dit-il ? [158] « Eh bien, répond le Comte, qui, entre-temps, a pris le livre et l'a ouvert à la page voulue, il dit seulement que la ligne ne sera ni un cercle, ni une parabole, ni aucune espèce de spirale. » Bien entendu, Stef. d. Angeli accepte d'exclure cercle et parabole, mais pourquoi exclure une spirale ?

Parce que, cite le Comte [159] : Soit un cercle AB, de centre C, et supposons que le corps A se meuve sur AB avec un *impetus* transverse circulaire uniforme et descende en même temps vers le centre C d'un mouvement uniformément accéléré ; il décrira certainement une trajectoire AGH courbe. Il dit que ce ne sera ni une circonférence, ni une parabole, ni une spirale.

La discussion commence alors :

LE MATH. — Jusqu'à maintenant, dans la substance de son explication, je ne vois aucune différence avec la mienne. Et il dit que ce ne sera pas une spirale ?

LE COMTE. — En effet, vers la fin il conclut : « Il en résulte clairement que la ligne courbe AGH n'est pas régulière », mais il ne fournit aucune raison.

préface, cf. Stefano de Angelis, *De infinitis spiralibus inversis*, Padova, 1667, préface : « Jam anni quadrans evolavit, ex quo discursus quidam nostri italice conscripti prodiere ; in quibus rationes aliquot physico-mathematicas contra Coperniceum systema a viro eximio, Ricciolio excogiatas, ad trutinam revocavimus. Affirmabamus tunc bina genera infinitarum spiralium a nobis fuisse contemplata ; quarum una illa foret, quae a gravi naturaliter cadente in plano aequatoris describeretur si Tellus, ex falsa hypothesi, motu diurno duntaxat moveretur, et grave deorsum latum taliter suum concitaret motum, ut spacia ab ipso peracta, forent ad invicem ut ipsa quadrata temporum. »

158. *Ibid.*, 29. En fait, comme l'indique Angeli dans ses *Terze Considerazioni* (cf. *infra*, p. 135), Borelli avait critiqué la solution « en spirale » même avant de publier son *De Vi Percussionis.*

159. *Ibid.*, 39 ; cf. *supra*, p. 97 et fig. 16.

LE MATH. — Lisez plus clairement, s'il vous plaît.

LE COMTE. — Je reprends plus haut : « Il reste la dernière opinion, celle de ceux qui croient que la trajectoire est une spirale comme celle d'Archimède, mais en tenant compte du mouvement accéléré vers le centre ; ils croient donc que, dans des temps égaux, [ce mouvement] décrira autour du centre C des angles égaux ACG et GCH et que, dans ces temps égaux [le corps qui se meut ainsi] parcourra les espaces AD et DE qui sont [l'un à l'autre] dans le rapport de 1 à 3. »

LE MATH. — Je tiens cela pour certain.

LE COMTE. — S'il en est ainsi, vous serez au nombre de ceux dont il dit : « Mais les auteurs sus-mentionnés ne s'aperçoivent pas qu'ils s'écartent des hypothèses qu'ils ont admises. »

LE MATH. — Pourquoi donc ?

LE COMTE. — Parce qu'ils ont admis que le corps A en mouvement se mouvait avec le même *impetus* transverse ; donc, si le corps grave A restait constamment sur la périphérie AB, il est clair qu'en des temps égaux il parcourrait des espaces égaux sous-tendant des angles au centre égaux.

LE MATHÉMATICIEN. — S'il en est ainsi, l'auteur aussi ne paraît pas se tenir à son hypothèse. Il dit en effet précédemment : « Supposons que le corps A se meuve sur AB avec un *impetus circulaire transverse.* » Or le corps en mouvement n'est pas sur l'arc AB ; excepté en un point au commencement du mouvement ; dans la suite de ce mouvement, il n'y est plus. Donc il ne se meut pas sur cet arc, comme il était supposé. Mais voyons ce qu'il dit et que je pense avoir compris. Je crois que nous sommes en désaccord sur les principes, car je crois que ceux qui ont dit que cette ligne est une spirale voulaient dire (tout au moins c'est là la façon dont, comme je l'ai dit ci-dessus, je désire être moi-même compris) que le mouvement du corps qui se meut est composé de deux mouvements, à savoir le [mouvement] uniforme du rayon CA (fixé en son centre C) le long de l'arc AB, mouvement qui est par participation dans le corps qui se meut, en tant que ce corps est toujours situé sur le rayon qui se meut de ce mouvement ; et le mouvement du corps grave A qui descend le long du rayon, [mouvement] accéléré de telle façon que les espaces traversés sont en proportion des carrés des temps, mouvement qui est propre au corps en mouvement[160]. Et ce premier mouvement

160. La distinction qu'établit Angeli entre le mouvement « propre »

se trouverait dans la nature, si la terre se mouvait du seul mouvement diurne ; car il serait décrit par le corps grave tombant naturellement dans le plan de l'équateur. Le mouvement en question serait uniforme relativement à l'arc AFB parce que, en des temps égaux il traversera des arcs égaux et que ces arcs sous-tendraient des angles au centre égaux : inversement, des arcs égaux seraient parcourus en des temps égaux. Et, bien qu'il soit vrai qu'en chaque point de la courbe AGH le corps grave aurait un *impetus* circulaire différent, parce que tous les points du rayon se meuvent avec des vitesses différentes, à savoir moins vite à mesure qu'ils sont plus proches du centre. Cependant cela est vrai pour le corps grave, où qu'il se trouve, et ne se rapporte pas à l'arc AFB. Comme je l'ai dit, je ne pense pas que ceux qui ont dit que ce mouvement décrira une spirale aient jamais compris ce mouvement comme composé d'une autre façon. Et je tire argument de ce que dit précédemment l'auteur : « Reste la dernière opinion, celle de ceux qui ont dit que [ce mouvement] décrira une spirale comme celle d'Archimède à condition de tenir compte du mouvement accéléré vers le centre. » Qui ignore en effet que, des deux mouvements qui concourent à la description de cette [spirale], l'un est le [mouvement] propre du point le long du rayon de la circonférence, et l'autre celui du rayon qui, fixé au centre de cette circonférence, entraîne le point ? Je comprends que la ligne que nous appelons spirale est ainsi décrite et je crois que les autres l'ont entendu de la même façon. Et, si l'auteur l'entend autrement, ce qui me semble être le cas, je ne crois pas qu'il contredise les autres qui ont fait des suppositions différentes des siennes. On devrait alors entendre l'auteur comme suit : « Supposons que le corps A se meut sur AB avec un *impetus* circulaire transversal, mais uniforme. » Ce qui signifierait non que « le corps qui se meut se mouvrait uniformément sur AB, mais bien qu'il se mouvrait avec l'*impetus* qu'il aurait s'il se mouvait sur AB. » [161]

Et je pense qu'il entend la chose ainsi, car, après avoir dit que le corps qui se meut en des temps égaux décrirait des arcs

du corps grave vers le centre de la terre et son mouvement le long de l'arc AB, qu'il accomplit uniquement en vertu de sa participation au mouvement du globe terrestre, est la clé de toutes les conceptions — et des erreurs — géodynamiques d'Angeli.

161. *Ibid.*, 32. Stefano degli Angeli désire souligner que l'*impetus*, n'étant dans le corps que par participation, ne peut rester inchangé quand le corps en question se meut vers le centre sur le rayon du cercle qui tourne ; il resterait inchangé si (ce qui n'est pas) l'*impetus* transverse était propre au corps. Cf. fig. 16.

égaux s'il restait sur l'arc AB, il ajoute : « Mais comme le corps est mû sur des circonférences de cercles qui vont en diminuant, il en résulte que ces espaces égaux, traversés avec un *impetus* qui conserve la même intensité, sous-tendront des angles au centre de plus en plus grands ; donc, si dans le premier [espace] de temps le corps traversait l'espace DG, dans le second, qui lui est égal, il traversera l'espace IH égal à DG, et comme ces espaces sont mesurés par des angles non égaux, mais différents, il s'ensuit que l'angle ACG sera plus petit que l'angle GCH, etc... » Dans ce cas, l'espace traversé ne sera pas la spirale décrite par nous, mais une autre. Il serait néanmoins vrai que ce n'est pas cette autre, mais la nôtre qui serait décrite par le corps grave, si la terre se mouvait du mouvement diurne seulement, et dans le plan de l'équateur ; car le corps grave, en quelque lieu qu'il se trouve, aurait la vitesse circulaire, que requiert sa distance au centre. Pour ce qui est de sa composition des mouvements [celle de Borelli], je ne crois pas qu'il puisse y avoir quelque chose de tel dans la nature.

Stefano degli Angeli est un très bon exemple d'un phénomène que nous avons rencontré tout au long de nos recherches, de l'immense pouvoir de l'inertie de l'esprit, et du caractère lent et graduel de la libération, même chez les esprits supérieurs, à l'égard des *idola tribus* traditionnels. Il est, nous l'avons vu, bien plus avancé que Riccioli sur cette voie. Il a saisi le sens de la relativité galiléenne du mouvement ; il ne croit plus comme Riccioli en l'*impetus* comme en une cause ou force imprimée ou inhérente au corps, force ou cause productrice du mouvement comme de son effet et par suite non indifférente à la présence ou à l'absence dans ce même corps d'un autre *impetus* de même sorte ou d'espèce différente. Pour lui, comme pour Borelli, *impetus* signifie mouvement ; par conséquent, chaque *impetus* est indépendant de tout autre et compatible avec lui. Il entend parfaitement le sens de la théorie de Borelli, au point d'en dégager l'implication cachée. Il la rejette cependant, pour la curieuse raison que Borelli ne tient pas compte de la différence entre « *impetus* propre » et mouvement uniquement par « participation », provenant de la terre en mouvement et dans lequel le corps ne se meut pas *lui-même*, étant seulement entraîné par la terre.

En d'autres termes, pour lui le mouvement naturel de

descente du corps grave vers le centre de la terre possède encore un caractère unique privilégié, est qualitativement distinct de toute espèce de mouvement non naturel [162]. Ceci semble tout particulièrement vrai à l'égard du mouvement circulaire transverse, que le corps n'accomplit qu'à cause du mouvement de la terre. Ce n'est pas son mouvement *propre ;* il ne le reçoit pas *du dehors.* Les principes de la nouvelle dynamique sont manifestement insuffisamment établis dans l'esprit de Stefano degli Angeli pour qu'il puisse penser en conformité avec eux. Ainsi il conçoit le corps qui participe à la rotation de la terre, non comme partageant ce mouvement, mais seulement comme s'y soumettant. Le corps ne se meut pas *avec* la terre, il est mû *par* la terre, et ce parce qu'il a un lien physique avec elle [163].

Intuition physique et intuition géométrique concourent ainsi à mettre à part la théorie spirale comme la seule qui soit, non seulement géométriquement possible, mais aussi physiquement vraie — contrairement à celle de Borelli qui curieusement apparaît à Angeli comme une construction purement mathématique dépourvue de toute base dans la réalité.

Les conceptions d'Angeli s'expriment très clairement dans un autre passage des *Considerazioni,* dirigé à la fois contre Riccioli et Borelli. Il commence en discutant le fameux argument de Tycho (remis en avant par Riccioli), suivant lequel le mouvement diurne très rapide de la terre empêcherait complètement, ou tout au moins gênerait le mouvement beaucoup plus lent du corps grave vers le bas, en raison de l'incompatibilité des deux *impetus* dans le même mobile — incompatibilité niée par Angeli, qui affirme

162. N'oublions cependant pas que, à une époque où la différence entre masse et poids n'était pas encore reconnue, le poids apparaissait comme non seulement essentiel à, mais constitutif d'un corps physique. Or, poids implique et même signifie mouvement vers le bas.

163. Même s'il n'existe pas de liaison mécanique avec la terre, le corps grave lui est toujours lié aux yeux d'Angeli ; il n'est jamais libre.

au contraire leur parfaite indépendance mutuelle [164] et il poursuit [165] :

Le corps grave, qui tomberait le long de la perpendiculaire BA [fig. 18] serait, avec cette même perpendiculaire, transporté circulairement dans le mouvement diurne ; c'est-à-dire qu'il ne serait pas transporté sur les autres perpendiculaires HQ, IF, etc., mais c'est la même perpendiculaire BA, que nous avons

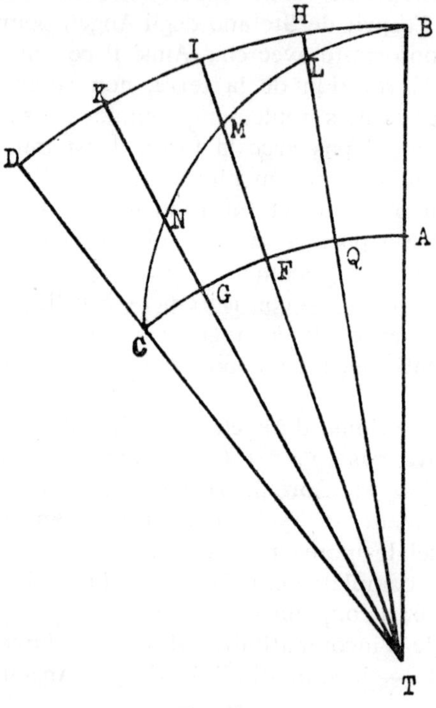

FIG. 18

supposé représenter la Torre degli Asinelli et qui occupait d'abord le lieu BA, qui se trouverait ensuite dans les lieux HQ, IF, etc., tour à tour. Donc, le corps grave ne serait jamais séparé de la tour BA. Bien que cette [tour] soit entraînée circu-

164. *Ibid.*, 99 : « Questo non è impossibile, anzi necessario. Ogn'uno questi principij independemente dall'altro nel medemo tempo cacia il mobile per diverse strade ; la revoluzion diurna la porta in giro ; la gravità la porta allo ingiù. »

165. *Ibid.*, 100-109.

lairement par la révolution diurne, un œil placé sur la terre et entraîné lui aussi dans cette révolution ne verrait rien d'autre que la descente le long de la perpendiculaire. Mais un œil placé hors de la terre verrait tous les [mouvements] qui sont accomplis physiquement et réellement. Il verrait donc le corps grave B se mouvant vers A sur BA. Il verrait BA ne demeurant pas dans le même lieu, mais transporté successivement dans les lieux HQ, IF, etc... Et il verrait le corps grave B ayant dans ces différents lieux, des positions différentes par rapport à la tour BA, c'est-à-dire en B, L, M, etc... Tous ces points sont sur une spirale. De là [166] l'œil verrait tout cela. Cela se passerait ainsi et non autrement ; la réalisation en même temps de ces deux mouvements différents, le mouvement de descente et le circulaire, loin d'être impossible, est nécessaire, physique et réelle. Le processus se déroulant ainsi, il en résulte que tous les autres — que l'auteur Riccioli entreprend de condamner — sont impossibles ; je souscris donc à ses propos.

Le Comte. — Ne vous hâtez pas tant d'acquiescer à quoi que ce soit ; en effet, il dit plus loin dans le même paragraphe qu'il est impossible à un même corps en mouvement, à moins qu'il ne soit dédoublé par le pouvoir de Dieu, d'accomplir en même temps ces deux mouvements, celui vers le bas et le circulaire ; tout comme il est impossible à un même corps en mouvement de se mouvoir en même temps dans des directions différentes du monde, par exemple le long de l'équateur vers l'orient et le long du méridien vers le pôle ; mais s'il est transporté le long d'une direction intermédiaire, il lui faut aller au but par un itinéraire oblique, de façon à ne se mouvoir ni simplement vers l'orient, ni simplement vers le pôle, mais à participer à l'un et à l'autre [mouvements], comme par exemple [quand on voyage] de Grèce au Levant, etc...

Le Mathématicien. — Quand des objets, choisis pour une analogie, présentent toutes les conditions nécessaires d'harmonisation, ils représentent quasiment la même chose. Ainsi ces deux mouvements accomplis sur le méridien vers le pôle et [sur l'équateur] vers l'orient, à condition de les ajuster comme il convient, peuvent nous faire comprendre à leur façon le mouvement du corps grave dans l'hypothèse copernicienne. Imaginons donc pour plus de facilité, sur une sphère dextrorsum [167] une fourmi à l'intersection d'un méridien et de l'équateur ; elle

166. *Onde,* c'est-à-dire du point extérieur à la terre.
167. *Sfera retta,* c'est-à-dire sphère tournant d'ouest en est.

est entraînée par son appétit le long du méridien vers le pôle arctique. Supposons que, en même temps, le méridien de l'intersection, avec son horizon, est entraîné vers l'orient. En pareil cas, la fourmi sera animée de deux mouvements réels accomplis en même temps, à savoir son [mouvement] propre toujours sur le même méridien vers le pôle, dont elle aura, à la fin du mouvement, approché en proportion de sa vitesse et le mouvement accompli vers l'orient parce qu'elle est entraînée par le méridien. Et ces deux mouvements physiques et réels auront produit le [mouvement] résultant transverse, par exemple de Grèce au Levant.

Cela est parfaitement vrai : si une fourmi parcourt un méridien d'une sphère en rotation, un observateur extérieur à cette sphère la verra certainement accomplir en même temps deux mouvements différents : (*a*) il la verra s'approcher du pôle de la sphère le long du méridien, et (*b*) il la verra transportée transversalement par cette sphère avec une vitesse qui diminue constamment, vitesse égale à la vitesse linéaire du point qu'elle occupe sur le méridien. Elle décrira donc dans l'espace absolu une courbe compliquée, dont la projection sur un plan correspondrait à la spirale qu'elle décrirait si elle parcourait, non le méridien, mais le rayon de la sphère. L'analogie semble donc appartenir tout à fait à la catégorie requise et justifier un appel à l'autorité de Riccioli en personne [168] :

OFREDDI. — Je me rappelle un raisonnement très subtil, proposé par le même auteur avec une grande perspicacité aux Coperniciens (au livre IX de l'*Almageste,* à la fin du chap. 9, § 5), et qui me paraît établir très clairement que ces deux mouvements, l'un rectiligne et l'autre circulaire, accomplis en même temps par le même corps grave, sont possibles selon cet auteur aussi, car il dit : « Nous avons nous-même suggéré aux Coperniciens une manière plus simple d'expérimenter sur les effets d'un mouvement produit sur un même corps par deux principes, dont l'un produit du mouvement en ligne droite non uniformément, et l'autre en cercle et uniformément. » [169] Cette

168. *Ibid.,* 102-109.

169. L'expérience imaginée par Riccioli tend à montrer que le mouvement circulaire du corps entrave son mouvement vers le centre. Riccioli a parfaitement raison, sauf sur un point : il oublie que l'empêchement est occasionné par la force centrifuge de la rotation.

manière est la suivante : AC [fig. 19] est une baguette perforée le long de AC suivant un canal étroit et placée sur de l'eau stagnante[170] : l'extrémité A de cette baguette est immobilisée

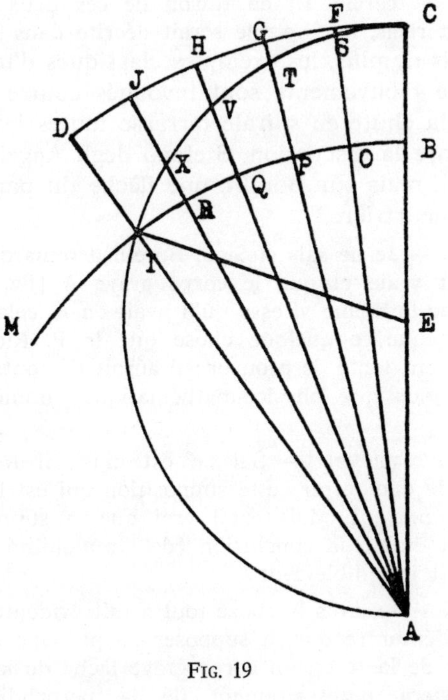

FIG. 19

de façon à servir de centre, l'autre bout C est mû en cercle d'un mouvement uniforme vers D en passant par G ; soit en C un petit globe, auquel sera attachée une corde, qui à son autre extrémité sera fixée à un poids important capable de la faire passer à travers le canal étroit.

LE MATHÉMATICIEN. — N'en dites pas plus, Sign. Ofreddi : j'ai

170. Cette expérience de Riccioli pourrait bien être à l'origine des fameuses « expériences » de Borelli, décrites par ce dernier dans la *Theorica Medicearum Planetarum*. La seule (et importante) différence est que, dans l'expérience de Borelli, la baguette est inclinée et que c'est précisément l'action de la force centrifuge — et non le mouvement circulaire en tant que tel — qu'il veut mettre en évidence. Cf. mon mémoire cité *supra*, n. 146.

tout saisi. C'est une explication certaine et fort belle de la génération de notre spirale. Le poids tirerait physiquement et réellement le petit globe, et toujours à travers le même canal. Physiquement et réellement, la main déplacerait le canal et le petit globe en cercle. Et en raison de ces deux mouvements physiques et réels, une spirale serait décrite dans l'eau.

Une fois de plus, les exemples classiques d'indépendance mutuelle de mouvements sont invoqués contre Riccioli. La théorie de la chute en spirale terrasse toutes les objections, et, pour clore la discussion, Stefano degli Angeli lance, non sur Riccioli, mais sur Borelli, une flèche du parthe particulièrement meurtrière[171].

OFREDDI. — Je ne sais si Sign. Borelli a remarqué que, si sa théorie était vraie et que le corps grave A [fig. 16] se mût toujours avec la même vitesse qu'il avait en A, cela entraînerait comme conséquence quelque chose que le P. Riccioli semble avoir vainement tenté de prouver ; il aurait démontré par raison certaine et plus que physico-mathématique l'immobilité de la terre.

LE MATHÉMATICIEN. — S'il en est ainsi, il faut s'occuper activement de démontrer cette supposition qui est la sienne, car cela sera important, Mais est-il vrai que, à supposer que ce principe soit établi, la conclusion [de l'immobilité de la terre] en résulterait infailliblement ?

OFREDDI. — Je crois la chose tout à fait évidente. Mais dites-moi : si je démontre que, à supposer ce principe et le mouvement diurne de la terre, un corps grave lâché de la Torre degli Asinelli déviera nécessairement de la perpendiculaire vers l'horizon et la précédera en direction de l'orient, n'aurai-je pas réalisé mon propos ?

LE MATHÉMATICIEN. — Certainement, puisque s'il ne dévie pas de la tour et que nos yeux le voient toujours dans son voisinage, il faut nécessairement dire que la terre est immobile. Mais, de grâce, démontrez-nous votre conclusion.

OFREDDI. — Répétons les paroles de l'auteur déjà examinées Dial. I, page 34[172] : « Mais, comme le corps est mû sur des circonférences de cercles qui vont en diminuant, les espaces égaux traversés par l'*impetus* d'intensité constante sous-tendront

171. *Ibid.*, 116 sq.
172. Cf. *supra,* n. 145, le texte de Borelli.

des angles au centre progressivement croissants ; par conséquent, si le corps traversait dans le premier intervalle de temps l'espace DG, dans le second intervalle (égal au premier), il traversera IH égal à DG, et, comme ces espaces égaux sont mesurés, non par le même cercle, mais par des cercles différents et inégaux, il s'ensuit que l'angle ACG sera plus petit que l'angle GCH.

Le Mathématicien. — N'en dites pas plus, Sign. Ofreddi, je crois comprendre ce que vous voulez dire. Il me semble que vous dites vrai. Dans le premier temps, le corps en mouvement a traversé l'espace AG, dont l'arc DG sous-tend au centre l'angle DCG. Dans le second intervalle de temps (égal au premier), il traverserait l'espace GH qui sous-tend l'angle ICH plus grand que GCD, mais la perpendiculaire à la révolution diurne pendant le second temps (égal au premier) sous-tendrait au centre un angle égal à DCG et plus petit que GCH. Elle se trouverait donc entre FC et CH. Mais le corps qui se meut est supposé en H. Il apparaîtrait donc hors de la perpendiculaire, plus à l'est.

IX. — M. MANFREDI CONTRE S. DEGLI ANGELI

Riccioli fut naturellement irrité de l'attaque inattendue, irrespectueuse et parfois désinvolte de Stefano degli Angeli (Stefano degli Angeli dit par exemple qu'il n'a pas encore étudié l'*Astronomia Reformata* parce que c'est un livre trop gros et beaucoup trop coûteux) contre son bien le plus cher, un argument nouveau en faveur de l'immobilité de la terre. Par la plume ou sous le nom de Michele Manfredi [173], Riccioli adressa au mathématicien de Padoue ce qui constituait, au moins à ses propres yeux, une réplique écrasante. En fait, le pamphlet de Manfredi ne contient aucun argument réelle-

173. Dans sa préface *(Al Lettore)*, Michel Manfredi nous dit que le R.P. Riccioli avait décidé de ne pas répondre à Angeli, *(a)* parce qu'il trouvait que ce serait en dessous de sa dignité, *(b)* parce que sa réponse passerait forcément par-dessus la tête des gens que les arguments d'Angeli auraient impressionnés et qu'en outre, à l'âge de soixante-dix ans, il ne pouvait pas se permettre de perdre son temps à semblables bagatelles, *(c)* parce qu'il existe des gens qui sont tellement (quoique en cachette) entichés du système copernicien qu'ils sont pratiquement imperméables à la raison et vont jusqu'à nier la valeur des arguments les plus évidents de Riccioli. Manfredi dit qu'il a néanmoins, en sa qualité de vieil ami intime et d'élève de Riccioli, très versé dans son œuvre, persuadé le grand astronome de l'autoriser à répondre à sa place, de façon que l'erreur ne puisse tirer argument du silence de la vérité pour crier victoire.

Jusque-là tout semble clair et franc. Mais, dans la dédicace au comte Francesco Carlo Caprara, Gonfalonier du peuple et de la cité de Bologne, Emilio Manolessi, chargé par Manfredi de la dédicace du livre, écrit : « Io non sapeva veramente discernere, s'io doveva restar obligato alla cortesia del S. Manfredi per haver rimesso a me l'arbitrio di dedicare a mia voglia quest'Operetta del P. Riccioli... » Étant donné que Manolessi dit : *quest'Operetta del* et non *questa diffesa*, et qu'il ne parle pas de Manfredi comme de l'auteur de *qu'est'Operetta*, il ne semble pas excessif d'en inférer que ce dernier n'est qu'un prête-nom ou un pseudonyme de Riccioli. Cf. *supra*, n. 130, 2. Riccioli dit bien dans son *Apologia* que Manfredi a répondu à sa place (cf. *infra*, p. 199) ; mais c'est ce que, de toute façon, il aurait dit. Michele Manfredi avait publié en 1666 *Vindiciae kalendarii gregoriani adversus Franciscum Leveram...*, Bononiae, ex typographia Haeredes V. Benatii, 1666.

ment nouveau ; il est cependant intéressant parce qu'il nous permet de mieux comprendre la position propre de Riccioli envers la théorie « semi-circulaire » de la chute et le rôle de cette dernière dans l'ensemble de ses arguments anti-coperniciens ; en outre, dans ses réponses à Angeli, il marque quelques points.

Stefano degli Angeli avait fait des objections à la déduction par Riccioli du caractère semi-circulaire de la trajectoire du corps qui tombe [174]. Riccioli, soulignant que cette déduction est le fait de Galilée et non le sien, réplique [175] :

A la même page 20, l'auteur, affectant la générosité, dit : « Pour faire preuve de libéralisme, concédons que FS, GT, HV, LX, lignes interceptées entre les deux circonférences [176] soient en proportion des carrés des temps, on ne peut pas en conclure qu'elles seront les espaces traversés par le corps en mouvement. » Il n'y a pas de libéralité à accorder ce qu'exigent justice et nécessité. Il a déjà été prouvé au paragraphe 11 que ces lignes sont nécessairement dans ladite proportion. Mais on ne peut en inférer qu'elles seront dans le système copernicien les espaces traversés par le corps en mouvement, car dans ce [système] le corps grave ne descendra pas en les suivant, mais suivant une ligne courbe tracée par les extrémités STVX : quoique cette courbe ne doive pas en toute rigueur mathématique... être nécessairement circulaire, elle ne peut être très différente d'un cercle... au commencement du mouvement et dans les quatre premières secondes [177]. Si on admet avec Galilée qu'elle est circulaire ou quasi circulaire (comme le R.P. Riccioli l'a admis à titre d'argument *ad hominem* [178] dans son *Almageste*), les intervalles FS, GT, HV, LX interceptés par les circonférences CD et BI ainsi

174. Cf. *supra*, Rapport de Gregory, p. 88.

175. *Argomento fisicomattematico del padre Gio. Battista Riccioli... contro il moto diurno della terra Confermato di nuouo con l'occasione della Riposta alle Considerazioni sopra la Forza del detto Argomento etc. Fatte dal M.R. Fr. Stefano degli Angeli...* All'Illustriss, Signore Il Sig. Co., Francesco Carlo Caprara... Bologna, 1668, p. 24, § 18.

176. Cf. la fig. 5, p. 34 ou la fig. 14 (p. 89).

177. Elle est *ad omnem sensum circularis.*

178. La structure de l'argument est donc la suivante : les coperniciens — à savoir Galilée — affirment que le mouvement du corps qui tombe sera exactement ou presque exactement circulaire. Le « presque exactement » nous suffit, parce que, s'*ils* l'admettent, *ils* doivent admettre que, sur une terre en mouvement, le mouvement d'un corps qui tombe serait uniforme ou presque. S'il n'en est pas ainsi, ils doivent reconnaître que la terre est immobile.

que les espaces apparemment traversés sur la ligne droite pendant quatre secondes se correspondront [mutuellement] dans la proportion des carrés des temps, ce qui établit, sinon nécessairement, du moins avec une grande probabilité, que dans le système copernicien ledit corps décrirait au commencement [de son mouvement] une ligne sensiblement circulaire et par conséquent se mouvrait sans accélération réelle, [tout au moins] sensible ou notable, en comparaison de celle que requiert l'augmentation de percussion réelle.

Le point soulevé par Manfredi est réellement important. En effet, le caractère exactement circulaire de la trajectoire du corps qui tombe est sans intérêt pour son argument principal : il est très suffisant que cette courbe soit approximativement, sensiblement circulaire (Galilée lui-même n'affirmait rien de plus), et qu'elle soit circulaire au début du mouvement, pendant les quatre premières secondes, c'est-à-dire dans la région accessible à notre expérimentation. C'est donc à bon droit qu'il y insiste [179] :

Du bas de la page 22 à la page 24, l'auteur utilise un exposé du P. Riccioli au paragraphe 14 du chapitre 17 de son *Almageste*, où il prouve que, au cours du temps, la trajectoire de la chute décrite par Galilée ne resterait pas parfaitement circulaire, mais s'écarterait de cette forme [180]. Mais cela n'a rien à faire avec l'argument principal, dans lequel le P. Riccioli se limite au commencement de ce mouvement, à ses quatre premières secondes, quoi qu'il en soit de la suite du mouvement imaginé [comme se poursuivant] jusqu'au centre de la terre, et il n'a pas besoin d'une ligne exactement circulaire pour prouver l'uniformité physique du mouvement dans le système copernicien ; que cette ligne tomberait à l'intérieur du cercle décrit par Galilée, le P. Riccioli l'a démontré en ce chapitre 17, par la table des sinus, basée sur des proportions plus certaines que ne le sont celles que l'auteur admet afin de prouver que la ligne tombera au-dessus et à l'extérieur dudit cercle. Néanmoins, étant donné qu'au début du mouvement la différence est très petite, cela ne diminue pas la force substantielle de l'argument contre le système copernicien.

179. *Ibid.*, 25, § 19.
180. Parce que la résistance de l'air retarde le mouvement.

Manfredi a aussi parfaitement raison de refuser d'accepter l'analogie qu'Angeli admet ou postule entre le mouvement d'une fourmi sur le méridien d'une sphère en rotation ou d'un point sur le rayon tournant d'une spirale d'Archimède, d'une part, et celui d'une pierre lâchée du sommet de la Torre degli Asinelli (les raisons de son rejet de l'analogie, il faut l'avouer, ne sont pas toujours celles que nous invoquerions) [181] :

Il y a une grande différence entre le mouvement dudit corps grave et celui du point ou de la fourmi décrivant la spirale : car le corps grave n'a ni lien ni adhérence à la tour, et n'est donc transporté en cercle, ni par un principe extrinsèque, ni par un mouvement que lui imprimerait la tour, mais il est, selon les Coperniciens, mû par un principe intrinsèque commun à tous les corps terrestres qui, étant suffisamment fort pour surmonter le *conatus* de la gravité qui porte [le corps] vers le bas, ne lui permet pas de descendre réellement sur une ligne perpendiculaire [182] ; aussi, quoique se trouvant toujours à la même distance de la perpendiculaire de la tour, il ne descend pas sur elle, mais seulement se trouve en un certain point d'une ligne perpendiculaire, qui correspond à la perpendiculaire de la tour [183]. Mais le point dont parle Archimède, ou la fourmi qui le remplace, ne pourrait décrire physiquement et réellement une spirale, s'ils n'étaient des éléments inclus dans la ligne droite ou y adhérant, et si le mouvement de rotation ne leur était pas imprimé par cette [ligne] comme par un corps en mouvement réellement distinct [d'eux], s'ils n'étaient pas transportés en cercle comme par un principe extrinsèque ; dans ce cas, à cause de la distinction réelle entre corps mû et principe de mouvement, il n'y a pas incompatibilité entre leurs mouvements réels ; de même que, en vertu de la même distinction, un corps en mouvement ne répugne pas à se mouvoir aussi d'un mouvement contraire, ni à

181. *Ibid.*, 56, § 39.

182. Selon l'interprétation de Copernic par Riccioli, interprétation qui, pour le dire en passant, est légitime, les corps graves tournent *avec* la terre parce qu'ils participent comme elle à un même principe intrinsèque de mouvement ; ils ne sont pas mus *par* la terre en sa qualité de corps distinct d'eux-mêmes. Pour pouvoir les mouvoir ainsi, ledit principe interne, ou *impetus*, doit être suffisamment fort pour surmonter leur tendance naturelle à atteindre le centre de la terre.

183. Le mouvement du corps grave est parfaitement indépendant de celui de la tour ; il ne meut pas le long de la tour, et n'a rien à voir avec la perpendiculaire de la tour.

se séparer du mouvement d'un autre corps qui se meut et l'entraîne, de même qu'il n'y a pas incompatibilité à ce que, sur un bateau qui est poussé au nord par le vent [184], le pilote mette cap au sud.

Ne prenons cependant pas la relativité du mouvement qu'admet ici Manfredi pour la relativité galiléenne, qu'Angeli avec tant d'insistance et si peu de succès avait essayé d'enseigner à Riccioli. Elles sont strictement incompatibles, comme il ressort clairement des énoncés suivants [185] :

Mais il est en effet impossible qu'un seul et même corps en mouvement, animé par des principes de mouvement qui (quoique formellement ou imaginairement distincts) sont néanmoins intrinsèques, se meuve continuellement sur deux lignes différentes, même si les mouvements n'étaient pas contraires, qu'il se meuve réellement à la fois vers le bas sur une ligne droite perpendiculaire et transversalement, mais s'il a deux principes intrinsèques, et si l'un n'entrave pas entièrement l'autre, il est nécessaire qu'ils se combinent en un seul mouvement réel qui participe imparfaitement aux propriétés de l'un et de l'autre.

En outre [poursuit Manfredi], on peut répondre que l'exemple de la spirale d'Archimède n'est pas approprié au dessein de l'auteur, car Archimède suppose égal et uniforme le mouvement du point sur le rayon, et aussi suppose que ce mouvement est coordonné avec celui du rayon de telle façon que, lorsque le rayon a dans sa révolution propre sur le plan décrit le cercle entier, le point qui se meut sur le rayon aura passé précisément d'une extrémité à l'autre. Mais, pour l'intention de l'auteur du Dialogue, il serait nécessaire que le corps grave se meuve inégalement et avec une inégalité uniforme, à savoir dans la proportion des carrés des temps, et arrive donc jusqu'au centre, s'il n'en était pas empêché par l'impénétrabilité du globe terrestre, bien avant l'achèvement de la révolution diurne de la terre. Le mathématicien répondra qu'il y a de nombreuses sortes de spirales et que, pour son dessein, il suffit de prouver qu'un corps en mouvement peut se mouvoir en ligne droite et être en même temps transporté le long d'un autre chemin différent. Mais nous dirons que cela ne suffit pas, car il n'y a pas incompatibilité entre se mouvoir sur un chemin et être en même temps transporté le long d'un autre, dans le cas de distinction réelle

184. Corre a tramontana, c'est-à-dire : qui court vers le nord.
185. *Ibid.*, 57, § 40.

entre corps mû et corps moteur ; mais il y a incompatibilité à ce qu'un seul et même corps en mouvement se déplace en même temps dans deux directions différentes ; tout comme il y a incompatibilité à ce qu'il soit, par un même corps moteur, entraîné en même temps dans deux directions différentes.

Il peut y avoir aussi le cas où un corps moteur en transportant un autre, dont il est réellement distinct, l'entraîne transversalement, avec une vitesse telle qu'il ralentisse la vitesse propre du corps mû [186] ; mais, quoique cela puisse être matière à controverse, il n'existe aucune bonne raison de douter que la vitesse du mouvement diurne, intrinsèque aux corps terrestres, ralentisse la vitesse du mouvement vers le bas.

De cette incompatibilité (de cet empêchement mutuel, existant entre deux mouvements du corps, particulièrement quand ils sont produits par deux *impetus*, naturels ou non, présents *dans* le corps), Manfredi reste si profondément convaincu que, revenant au fameux exemple de la boule tombant du mât d'un bateau (en mouvement ou au repos) qu'Angeli invoque comme argument contre Riccioli, il répond [187] :

De l'exemple du bateau et du globe lâché du haut de son mât tandis que le bateau se meut à grande vitesse, exemple allégué par les Coperniciens, par le mathématicien de Padoue et par Borelli page 112 [188], le P. Riccioli n'a fait aucun usage, parce qu'il est hors de propos ; en fait, le mouvement vers le bas d'un tel globe est occasionné par sa gravité intrinsèque et [son mouvement] transverse par l'*impetus* qui lui est imprimé *de l'extérieur* par la main liée au mât entraîné par le bateau ou posée sur ce mât. Dans ce cas, quoique le globe se trouve en des points de diverses perpendiculaires à égale distance de la perpendiculaire du mât, il ne descendrait pas le long d'une ligne perpendiculaire, mais les [observateurs] extérieurs à l'asmosphère le

186. Donc, même dans le cas de principes de mouvement réellement distincts, deux mouvements différents se font mutuellement obstacle *en tant que mouvements* et le mouvement résultant ne peut qu'imparfaitement partager leurs propriétés (direction, vitesse). En mathématiques pures, il en est bien entendu autrement. Mais les mathématiques ne sont pas la physique et ne s'occupent pas du réel en tant que tel.

187. *Ibid.*, 75, § 49.

188. Du *De Vi Percussionis*. Le mathématicien de Padoue est bien entendu Stefano degli Angeli.

verraient descendre en s'écartant le long d'une ligne courbe unique ressemblant à une parabole ou à une spirale. Et si l'excès de l'*impetus* transverse sur celui de la gravité était aussi grand que l'est dans le système copernicien l'excès de l'*impetus* du mouvement diurne sur celui d'une boule de calcaire de huit onces, on verrait ce globe descendre sur une oblique uniformément ou sans accélération considérable, et la percussion serait nettement plus faible que si le bateau était immobile. Mais, comme le P. Riccioli n'a pas exécuté de semblables observations [189], et aussi en raison de l'écart signalé ci-dessus, il a décidé de ne pas utiliser un exemple sujet à force diversités et incertitudes.

En effet, Riccioli ne fit pas usage de l'argument ou exemple du bateau ; mais il en utilisa beaucoup d'autres et discuta, ou fit discuter et critiquer à fond par Manfredi, ceux de Stefano degli Angeli. Je n'étudierai cependant pas maintenant ces critiques, mais les analyserai en même temps que les contre-objections d'Angeli.

189. Les seuls qui aient réellement exécuté cette fameuse expérience sont Gassendi, qui le fit en 1640 à Marseille, et peut-être Thomas Digges, cf. *supra*, p. 68, n. 91.

X. — S. DEGLI ANGELI CONTRE M. MANFREDI

Stefano degli Angeli ne pouvait évidemment pas rester indifférent au pamphlet de Manfredi. Il lui déplut naturellement d'être traité en élève ignorant en révolte contre l'autorité d'un maître qui ne s'abaissait même pas à répondre directement, d'autant plus que Manfredi l'accusait ouvertement de tendances coperniciennes, sinon de crypto-copernicianisme, accusation qu'il était d'autant moins aisé de considérer comme négligeable qu'elle était manifestement vraie.

Bien entendu, Stefano degli Angeli ne mentionne pas cette deuxième raison d'écrire ses *Seconde Considerazioni* [190]. Il nous dit seulement qu'après quelques hésitations il a décidé de publier deux nouveaux dialogues, faisant suite aux deux premiers, pour se faire mieux comprendre et mettre fin à une polémique inutile.

Les *Seconde Considerazioni* n'ajoutent guère de matière au débat. Pratiquement, Stefano degli Angeli répète les arguments déjà présentés dans sa première attaque contre Riccioli. La principale différence entre les deux opuscules réside dans le ton et le style. On pouvait prendre à parti Manfredi [191], pratiquement inconnu, beaucoup plus rudement

190. *Seconde considerazioni sopra la forza dell'argomento fisicomattematico del M. Reu., P. Gio. Battista Riccioli... contro il moto diurno della terra, Spiegato dal Sig. Michiel Manfredi nelle sue Risposte, e Riflessioni sopra le prime Considerazioni di F. Stefano De Gl'Angeli Venetiano...* Padoua, 1668.

191. Dans la préface *(Al Lettore)* des *Seconde Considerazioni,* Stefano degli Angeli écrit que la prétention de Manfredi à représenter exactement les vues de Riccioli est insoutenable, « nullo dimeno per dar questo piacere al non da me conosciuto, ne mai udito nominare Signor Manfredi, mostraro di crederlo ». Comme nous l'avons vu, Manfredi avait publié en 1666 un opuscule sur la réforme du calendrier. Angeli *aurait pu* par conséquent entendre parler de lui.

que le célèbre auteur de l'*Almagestum Novum* et de l'*Astronomia Reformata*[192]; tant pis, ou tant mieux, s'il n'était qu'un masque de Riccioli.

Pour ce qui regarde l'objection de Manfredi contre la théorie propre à Angeli de la chute en spirale (chute libre) — par opposition à celle de la chute à l'intérieur d'une baguette creusée ou celle du mouvement d'un point le long d'un rayon-vecteur — Angeli ne semble pas l'avoir comprise. Il maintient que, dans *l'hypothèse du mouvement de la terre,* le corps qui tombe ne se meut pas sur un rayon *physique* et décrit avec la même vitesse angulaire des cercles de plus en plus petits[193] :

LE MATHÉMATICIEN. — Le mouvement diurne transporte en cercle le corps grave et le rayon; le mouvement de descente le transporte vers le centre le long du même rayon qui l'accompagne constamment. A cause du mouvement de descente, le mouvement circulaire change constamment de circonférence. De ces deux [mouvements] résulte dans l'espace la ligne spirale qui participe à la fois du mouvement de rotation et de celui de descente qui composent cette ligne. Et la percussion est déterminée par la descente qui, s'accélérant en proportion des carrés des temps doit, par voie de conséquence, produire la diversité des percussions et des sons. Il est absurde de dire qu'il n'y a ni description d'un cercle parfait, ni descente le long d'une perpendiculaire, car il y a mouvement vers la droite et avec le même mouvement circulaire dans la mesure même où il y a physiquement descente le long de la perpendiculaire[194].

192. Stefano degli Angeli va tenter de montrer que non seulement Manfredi ne comprend pas sa théorie (celle d'Angeli), mais qu'il ignore même l'enseignement de Riccioli et le contredit souvent.

193. Cf. *Seconde Considerazioni,* 71.

194. Angeli pense à l'affirmation de Manfredi, selon laquelle le mouvement résultant composé d'un mouvement circulaire et d'un mouvement rectiligne (cf. *supra,* p. 121) ne réunira pas *parfaitement* les propriétés des deux mouvements composants, comme ce serait le cas en cinématique purement géométrique, mais seulement d'une façon imparfaite. Cela signifie que, tandis qu'en géométrie pure les mouvements circulaire et uniforme combinés détermineront une courbe parfaite (que ce soit une parabole ou une spirale), *in rerum natura,* la trajectoire (réelle et non pas géométrique) d'un corps mû par deux *impetus* différents ne sera jamais une telle courbe, tout au moins qu'elle ne le sera qu'à peu près et non rigoureusement, parce que les deux *impetus* ne peuvent se mêler sans s'affaiblir mutuellement.

Il est clair que Manfredi maintient sans changement la conception physico-géométrique que nous lui avons vu défendre contre Borelli dans ses premières *Considerazioni*. Il conclut donc [195] :

LE MATHÉMATICIEN. — Dans le mouvement du corps grave, il y aura deux mobiles distincts, à savoir le corps grave et la perpendiculaire physique. Tous deux se mouvront du même mouvement circulaire ; et le corps grave sera déplacé vers le bas par la gravité. Ces deux principes, celui de la giration et celui de la descente, seront réellement distincts ; et, pour la substance du mouvement, il importe peu qu'ils soient intrinsèques ou extrinsèques, car ils sont distincts en eux-mêmes, comme nous l'avons dit à plusieurs reprises.

Mais que se passerait-il si les théories récentes qui deviennent de plus en plus à la mode et expliquent — ou éliminent — la gravité naturelle au moyen d'une attraction magnétique, étaient vraies ? [196] Ofreddi soulève carrément la question [197] :

OFREDDI. — Mais que se passerait-il si le principe de descente n'était pas intrinsèque au corps mû, et si la gravité n'était rien d'autre qu'une vertu magnétique, par laquelle le gros du corps de la terre attire à lui les autres petits corps qui s'en sont détachés, comme les gros morceaux d'aimant attirent à eux les petits, etc. ? On pourrait peut-être dire que, si quelqu'un pouvait séparer un morceau de notre terre et l'emporter très haut, ce morceau sortirait de la sphère d'activité de ce qui reste [198] ; alors ce morceau ne descendrait pas pour se réunir au reste. On pourrait dire que, si on réalisait la même séparation par transport du gros morceau sans que la distance dépasse la sphère d'activité, le petit morceau abandonnerait son lieu et serait attiré par la propriété du gros morceau [199]. En parlant ainsi, on ne serait peut-être pas loin de la vraisemblance, car

195. *Ibid.*, 82.
196. Cf. mon mémoire cité *supra*, n. 148, et Cornelis de Waard, cité *supra*, n. 6.
197. *Ibid.*, 82.
198. Toutes les théories du magnétisme et de l'attraction, après Gilbert et Kepler et avant Newton, regardaient comme évident que ces forces ont une sphère d'action limitée, ce qui est d'ailleurs en stricte concordance avec l'expérience.
199. Le raisonnement d'Ofreddi implique la négation de la notion de lieu naturel.

notre terre est peut-être un grand aimant[200]. Et, en matière d'aimant, nous voyons que le grand tire à lui le petit, placé à l'intérieur de sa sphère d'activité. Et si, après la réunion, c'est le grand qu'on change de lieu, mais toujours à l'intérieur de la sphère d'activité, il tirera de même le petit à soi.

Mais Stefano degli Angeli n'est pas partisan de l'hypothèse de l'attraction, et il répond :

Bien que ce soit là des propos que tiennent des hommes de valeur, gardez-vous de les répéter, Sign. Ofreddi, si vous ne voulez pas faire rire de vous. En outre, qui nous assure que, dans le mouvement magnétique, c'est le grand qui tire à soi le petit et non plutôt ce dernier qui se déplace lui-même pour rejoindre le premier[201], en raison d'un bien à recevoir de cette union ? Cependant, comme la chose ne se produit pas sans mouvement et action, il paraît plus raisonnable d'attribuer l'action de mouvoir à la partie la plus considérable.

Ofreddi insiste encore et même perfectionne ses conceptions[202] :

Mais on pourrait dire aussi que l'action est commune aux deux parties, c'est-à-dire que la grande tire la petite autant que la petite tire la grande, mais que finalement la grande l'emporte parce que la petite est incapable de faire bouger la grande. Ainsi, si on attachait un homme et un enfant, chacun à une des extrémités d'une corde, l'enfant tirerait bien l'homme, mais il ne le ferait pas bouger de sa place, tandis qu'il serait entraîné par la force supérieure.

Il est cependant manifeste qu'Angeli ne croit pas à l'attraction[203] : il répond : « Laissons là toutes ces fantaisies, qui ne font pas le poids, et passons au paragraphe 46 », c'est-à-dire à la critique par Manfredi des exemples d'Angeli,

200. Gilbert avait proclamé que la terre est un *magnus magnet*, et sa théorie avait reçu de Galilée force louanges.

201. L'idée d'attraction est une idée nouvelle, qui n'apparaît qu'avec Gilbert et Kepler ; avant eux on n'avait jamais admis l'attraction en tant que force agissant sur un corps du dehors et à distance ; l'action magnétique avait été expliquée par la tendance du corps apparemment attiré à se réunir avec celui qui était apparemment attirant. Au XVIIe siècle l'attraction, précisément en tant qu'action à distance, était une notion rejetée aussi par les promoteurs de la nouvelle mécanique.

202. *Ibid.*, 83.

203. Non plus que Borelli, ni d'ailleurs Riccioli.

critique basée sur la distinction entre principes intrinsèque et extrinsèque de mouvement[204] :

LE COMTE. — Il y dit qu'il est hors de propos de lier dans le raisonnement deux corps réellement distincts mus par deux principes, l'un intrinsèque et l'autre extrinsèque. Les exemples sont donc aussi hors de propos : celui où l'on court tout en transportant perpendiculairement au plan de l'horizon une baguette creuse dans laquelle tomberait une petite boule, celui où l'on court tout en transportant une clepsydre, dont la poudre ou l'eau tomberait dans le réservoir situé sous la poudre ou l'eau[205].

LE MATHÉMATICIEN. — S'ils sont hors de propos, ses propres exemples le sont aussi.

LE COMTE. — Il dit néanmoins qu'ils sont en partie valables, en tant qu'ils montrent la diminution de la vitesse de descente[206]. Tout comme dans le cas de deux bouteilles égales remplies d'eau : si l'eau est libre de s'écouler, elle s'écoulera plus vite de la bouteille au repos que de celle portée par un coureur.

On s'attendrait à voir Angeli rejeter avec mépris l'affirmation de Manfredi. Tout au contraire, il l'accepte, il accepte du moins le fait allégué, tout en donnant une explication différente[207] :

LE MATHÉMATICIEN. — Je crois également qu'il en serait ainsi en ces cas, parce que le mouvement horizontal est imprimé à nouveau à la bouteille et à l'eau, d'abord à l'une, puis à l'autre. En outre, dans son écoulement vers le bas, l'eau frappe la bouteille, ce qui l'empêche de descendre avec la vitesse que requiert la gravité.

Ainsi, ce n'est pas le mouvement transversal en tant que tel qui interfère avec le mouvement de descente : c'est son caractère de nouveauté. Angeli pense probablement que, pour se rendre maître du corps, le nouveau mouvement, ou

204. Il faut noter qu'Angeli ne nie nullement la distinction entre principes interne et externe de mouvement. Ce qu'il rejette, c'est seulement l'usage que Manfredi fait de cette distinction.

205. Dans ces exemples, les principes de mouvement sont *réellement* distincts, donc compatibles, au moins jusqu'à un certain point.

206. Quoique compatibles, ils ne le sont pas complètement ; des mouvements différents s'entravent mutuellement *en tant que mouvements ;* en conséquence, la vitesse du mouvement vers le bas diminuera.

207. *Ibid.*

impetus, met du temps, et que durant ce temps il peut entraver l'autre. Mais non par la suite, quand il n'est plus une perturbation, mais est devenu pour ainsi dire un trait permanent de la situation. Aussi :

Il n'en serait pas ainsi pour le mouvement de la terre ; car le mouvement circulaire serait contemporain de la terre et du corps grave ; il n'entraverait donc pas la descente. S'il l'entravait, le retard produit serait proportionnel, c'est-à-dire que la descente se ferait proportionnellement aux carrés des temps, mais que les espaces seraient proportionnellement plus grands ou plus petits, selon qu'ils seraient comparés à un mouvement circulaire plus grand ou plus petit.

Cela signifie que, même si le mouvement uniforme de la terre ralentissait le mouvement de descente, il n'affecterait ni le fait même de la chute, ni sa loi ; il affecterait seulement la vitesse de descente. Contrairement à ce qu'affirme et veut nous faire croire Riccioli, il n'empêcherait pas les corps de descendre ; tout au plus les empêcherait-il de descendre aussi vite que si la terre était immobile.

En résumé, selon Manfredi, la théorie de Riccioli est basée sur quatre présuppositions [208] :

La première présupposition est que, si la terre tournait autour de son centre, les corps terrestres, quoique séparés d'elle, tourneraient également avec elle dans la révolution diurne.

Il en est certainement ainsi, objecte Angeli, selon les Coperniciens ; mais il n'en est pas nécessairement ainsi. Les corps terrestres non attachés à la terre pourraient prendre du retard par rapport à elle, comme beaucoup de gens le croient, qui expliquent ainsi les vents alizés et les grands courants océaniques. En outre, comme Galilée l'a montré depuis longtemps en traitant de tous ces vieux arguments caducs contre le système copernicien, la révolution diurne, mécaniquement commune à tous les corps terrestres, est hors de cause pour les phénomènes qui se passent sur la terre.

La seconde supposition est que, même si les corps terrestres séparés de la terre tournaient en même temps qu'elle avec la

208. *Ibid.*, 99 sq. ; cf. Manfredi, 88 sq.

même vitesse, afin de se conformer, en tant que parties, au mouvement du tout, ils devraient descendre. Cependant, le plus probable est que l'*impetus* du mouvement diurne prévaudrait sur la gravité au point d'empêcher complètement son action.

Pas du tout, répond Angeli :

A mon avis, il n'empêcherait rien, tant que le mouvement circulaire et celui de descente ne seraient pas rapportés au même centre en toutes leurs parties. Et le mouvement circulaire ne serait pas imprimé au corps grave comme propriété nouvelle, mais serait uniformément perpétuel.

Mais Manfredi dispose encore d'autres arguments et analogies. Il dit que :

Si nous voulions baser notre argumentation, non sur des imaginations, mais sur des choses mieux connues, nous verrions qu'une pierre, qu'on fait tourner avec une fronde longue de deux pieds et qui à chaque impulsion accomplit un circuit d'environ 13 pieds, ne descend pas du tout, et ce parce que la vitesse de la giration l'en empêche ; et nous ferions la même constatation dans le cas d'un petit récipient dans lequel de l'eau accomplit une rotation rapide au bout d'une corde, car pas une goutte de l'eau qui y est contenue ne tombe pendant qu'est décrit le demi-cercle supérieur de la giration. De même, le mouvement circulaire du corps grave a une trop grande rapidité pour que le corps puisse descendre, etc....

Ne nous méprenons pas sur la pensée de Manfredi ; selon lui, ce n'est *pas* la force centrifuge produite par la rotation de la terre qui — *dans l'hypothèse du mouvement de la terre* — empêcherait les corps graves de descendre — mais uniquement la *vitesse* du mouvement *linéaire* à laquelle ils seraient en ce cas soumis. Et ce n'est pas la faible intensité de cette force qu'invoquera Angeli, mais la différence physique entre les deux cas.

Le Mathématicien. — Le premier exemple, celui de la fronde, peut être négligé, parce que le corps grave y est pour ainsi dire emprisonné et ainsi empêché de descendre. L'exemple du récipient est meilleur ; mais le cas est si différent de celui du mouvement des corps graves dans l'hypothèse copernicienne, qu'il n'y a pas de rapport entre eux. *Premièrement*, le mouvement circulaire du récipient est rapporté à un centre propre, tandis que la gravité tend vers le centre du monde. *Deuxièmement*, dans le récipient l'eau est en partie contiguë à ce récipient, et cette contiguïté empêche la séparation ainsi que le mouvement vers le bas. *Troisièmement,* l'air gêne beaucoup la séparation mutuelle des parties du liquide, et nous le voyons quand on ouvre le fond du récipient ; l'eau est, jusqu'à un certain point, empêchée par l'air de descendre, et ne descend qu'au bout d'un certain temps [209]. Ce qui arrivera encore plus certainement dans le cas d'un mouvement circulaire très rapide. *Quatrièmement,* à cause de la diversité de leur position, les parties de l'eau tentent de descendre le long de chemins différents et doivent exécuter des mouvements qui se contrarient et ne peuvent produire leurs effets qu'au bout d'un certain temps : cela ne peut pas être admis pour la vitesse du mouvement circulaire, ce que je vais expliquer plus clairement. Le mouvement circulaire est composé de deux demi-cercles, l'un supérieur, l'autre inférieur. Pendant que c'est le demi-cercle inférieur qui est décrit, ce sont les parties de l'eau les plus voisines du fond qui sont les premières à tenter de descendre par leur gravité, les plus éloignées du fond pèsent sur les premières et les pressent. Quand ensuite c'est le demi-cercle supérieur qui est décrit, les parties de l'eau les plus éloignées du fond sont les premières à descendre. Si donc nous envisageons convenablement ces propensions à descendre, nous verrons qu'à l'égard de l'eau elles ont, quoique se rapportant au centre de la terre, des mouvements contraires ; et que, à l'égard des parties de l'eau, la descente de la partie inférieure et la descente de la partie supérieure constituent des actes opposés. Mais le passage d'un acte à l'autre acte, opposé, ne peut être effectué qu'avec le temps, ce qui n'est pas le cas quand nous avons affaire à la vitesse du mouvement circulaire [210].

LE COMTE. — Je crois que la troisième supposition a le sens que voici : les Coperniciens supposent que le mouvement de descente commence immédiatement, et que (que la terre se meuve ou non) en une seconde un corps grave descend de

209. Angeli veut dire que l'eau ne commence pas sa descente immédiatement après l'ouverture du récipient, ou plutôt au moment même où elle a lieu ; il lui faut du temps pour vaincre la résistance de l'air.

210. Selon Angeli, les particules de l'eau sont soumises du fait de la gravité à deux *impetus* opposés, et le remplacement de l'un d'eux par un autre, contraire, ne peut intervenir instantanément, mais demande du temps. Il n'en est pas ainsi pour le mouvement diurne, qui est toujours présent, et qui est sans changement, uniforme. Il n'y a pas passage d'un acte ou d'un état à son opposé. La gravité agira donc sur le corps grave dès l'instant où il est lâché.

15 pieds. Il ne descendra pas de la sorte, car il sera soutenu par l'impetus diurnal pendant un certain temps sur l'arc BH, de même que, comme nous l'avons vu, l'*impetus imprimé à un projectile d'arquebuse ou de canon l'emporte sur la gravité de ce projectile au point qu'il commence à descendre, non immédiatement, mais seulement après un long espace,* et frappe son but de plein fouet, se déplace sur une longue distance suivant une ligne horizontale, puis décline à partir d'elle selon un tracé *quasi parabolique* [211].

Manfredi n'a certes rien appris de la discussion de ce problème par (et depuis) Galilée. Mais Angeli en sait plus long :

LE MATHÉMATICIEN. — Sign. Manfredi s'abuse s'il croit que, ne fût-ce qu'un instant, le projectile est lancé par le feu le long d'une ligne horizontale. Sorti de la bouche du canon, il commence immédiatement à descendre, mais au moment de ce départ, le mouvement de descente est très lent et le mouvement transversal très rapide : il s'ensuit qu'il suit une [trajectoire] parabolique qui, au début, à cause de sa grande dimension, s'écarte très peu de sa tangente horizontale, et suivant l'expression habituelle, frappe de plein fouet. Mais, une fois sorti du canon, il ne se mouvra jamais plus sur la tangente qui prolonge la ligne droite du canon. Il en serait de même si la terre se mouvait : jamais le corps grave ne se bornerait à se mouvoir en cercle ; séparé de son support, il commencerait immédiatement à descendre.

La quatrième supposition [212] équivaut au fameux argument de Riccioli tiré de l'intensité de percussion : sur une terre en mouvement, la trajectoire de la chute serait circulaire, donc le mouvement uniforme. Mais nous connaissons déjà cet argument. Nous n'avons pas à y revenir, d'autant qu'Angeli n'a rien à ajouter à ce qu'il a dit dans ses premières *Considerazioni,* à savoir que l'accélération d'*un corps tombant sur une terre en mouvement* sera aussi réelle et notable que celle d'un corps tombant sur une terre immobile, parce que dans les deux cas le mouvement vers le bas se fera le long du même rayon de la terre. Il ajoute

211. La croyance au mouvement rectiligne, qui a son origine chez les canonniers, est un bon exemple d'effets désastreux de l'expérience sur la théorie. Cf. fig. 18, p. 110.
212. *Ibid.,* 104 ; Manfredi, 92.

néanmoins quelques épithètes bien choisies, ainsi qu'une déclaration, selon laquelle il estime avoir définitivement prouvé la fausseté de la théorie circulaire de la chute propre à Riccioli et par conséquent l'absence de valeur des conclusions basées sur elle. Le traiter de cryptocopernicien est donc faire preuve d'autant de stupidité que d'orgueil et de mauvaise foi. Au contraire, dévoiler les paralogismes des raisonnements de Riccioli, c'est servir la vérité et la véridique autorité qui a décidé de la question, celle de la Sainte Écriture et de la Sainte Église.

XI. — BORELLI CONTRE S. DEGLI ANGELI

L'histoire de la querelle entre Stefano degli Angeli et Giambattista Riccioli nous a détourné quelque peu de notre dessein principal : retracer l'histoire de la détermination de la trajectoire de chute des corps dans *l'hypothèse du mouvement de la terre*. Il nous faut revenir à notre problème et diriger une fois de plus notre attention sur Borelli.

Nous avons vu que, dans le tout premier des dialogues qui constituent ses *Considerazioni,* Stefano degli Angeli attaquait délibérément le rejet par Borelli de la théorie de la chute en spirale, et qu'il avait inséré dans le deuxième une remarque particulièrement blessante. Il n'est pas surprenant que Borelli ait répliqué, immédiatement et sans amabilité, dans une lettre ouverte adressée à Michelangelo Ricci [213], l'homme auquel, dès avant la publication de son livre sur la Force de Percussion, il avait communiqué ses vues sur le problème.

Après avoir déclaré que les critiques de Stefano degli Angeli l'obligent à répondre, Borelli plonge immédiatement *in medias res* [214] :

213. *Risposta di Gio : Alfonso Borelli Messinese... Matematico dello Studio di Pisa Alle Considerazioni fatte sopra alcuni luoghi del suo Libro della Forza della Percossa del R.P.F. Stefano degl' Angeli Matematico nello Studio di Padova, all'Illustrissimo, e Dottissimo Sig. Michel Angelo Ricci,* Messina 29, 11, 1668, p. 1 : « Credo che V. S. Illustrissima avérà molto primo da me veduti certi Dialoghi dal Dotissimo Patre Stefano de gl'Angeli, scritti di certa dimostratione contra il sistema Copernicano, et in detto libro si è compiaciuto di considerar quella digressioncella, che io fa alla facia 108 del mio libro della forza della percossa, doue io considero il moto misto del transversale circolare equabile, e del perpendicolare verso il centro del cerchio uniformamente accelerato, dal qual moto misto mi recordo hauerne scritto à V. S. Illustrissimo da Pisa, primo che il mio libro si stampasse. »

214. *Ibid.*, 2 sq. Borelli a un style atroce. Il est probablement le pire écrivain du XVIIe siècle, pire même que Cavalieri.

Il (Stefano degli Angeli) s'étonne dès la page 29 de son dialogue que j'aie nié que le mouvement mixte précipité puisse avoir lieu le long d'une spirale particulière, dont ont traité certains modernes. Il s'agit, j'en informe Votre Grâce, de M. Fermat, comme le rapporte le P. Mersenne à la page 5 de ses *Phenomena Ballistica*[215] qui ajoute que la démonstration a été adressée à Galilée, et il est possible que [Mersenne] en ait, suivant son habitude, adressé des copies à ses amis : il dit aussi que l'espace de cette spirale est au secteur du cercle qui la contient dans la proportion de 8 à 15, exactement comme l'avance le P. Angeli. Puis, afin de montrer que cette ligne est réellement une spirale, ledit Père [Angeli] suppose le corps en mouvement entraîné par le mouvement du rayon, lequel mouvement se trouve, dit-il, par participation dans le corps en mouvement, et le corps en mouvement est donc en vérité mû transversalement, non d'un mouvement uniforme, mais d'un mouvement de plus en plus retardé, ce qui, dit-il, se vérifie sur la chute des graves ; cette proposition, il se borne à l'admettre[216] comme vraie, sans offrir d'autre confirmation que sa seule autorité personnelle.

Je crois au contraire impossible que le mouvement transversal, conféré à la pierre par la révolution supposée du sommet de la tour ou du mât du bateau autour du centre de la terre, puisse se ralentir toujours en proportion de son approche progressive vers le centre de la terre et s'annuler quand le centre est atteint ; mais je crois que, en quelque lieu de la descente qu'elle se trouve, elle doit conserver le même degré de vitesse transversale, et par conséquent parcourir en des temps égaux des espaces égaux sur tous les cercles qu'elle traverse. Il me semble que cela est confirmé par de nombreuses expériences et par la *droite* raison ; je vois en effet qu'un *impetus* et degré de vitesse quelconque, conféré à un corps en mouvement, peut bien être affaibli ou annihilé par un *impetus* contraire ou une résistance qu'il rencontre, mais non pas par le simple fait de changer de direction. On voit ainsi qu'un corps en mouvement qui se meut (avec son degré de vitesse acquise) sur une ligne droite ou sur une circonférence de cercle conserve la vitesse même qu'il avait au début, lorsqu'il lui arrive simplement de modifier sa trajectoire, soit par réflexion, soit parce qu'il courbe cette trajectoire davantage vers l'intérieur et se meut sur des cercles

215. Évidente faute d'impression (5 pour 50).

216. *...assume egli solamente per cosa vera.* Borelli veut dire qu'Angeli admet sans preuve sa proposition et la suppose à tort vraie.

plus petits. Ainsi un bateau, qui a reçu du vent ou des rames un degré de vitesse déterminé, conserve dans sa course le même *impetus* qu'au début, quand il tourne et décrit des trajectoires plus courbes, et on peut faire la même observation dans le cas des oiseaux en vol et des projectiles ; si on veut une expérience semblable à celles que nous discutons, on peut prendre un pendule ABC [fig. 20], faire passer son fil dans l'anneau B,

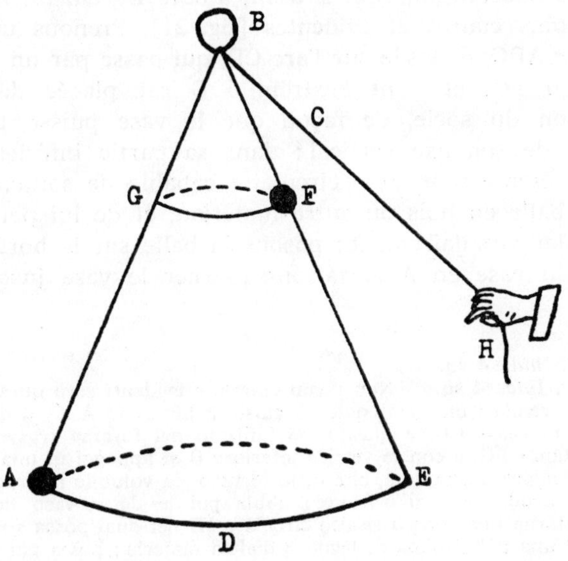

FIG. 20

fixé au plafond d'un appartement, et faire tourner ce pendule (en lui imprimant un degré de vitesse déterminé) de telle façon que la balle de plomb décrive le cercle ADE. Si avec la main on tire alors sur le bout de fil C de façon que la longueur BF du pendule soit le quart de AB, on verra la balle décrire le cercle FG en un temps plus court, à savoir en un temps moitié de celui qu'il lui faut pour décrire le cercle ADE, et cependant la vitesse sur FG sera la même qu'avait la balle A ; au contraire, si on allonge de G à A le pendule, on verra qu'il commence tout de suite à augmenter la durée des révolutions du pendule, en respectant toujours la loi, suivant laquelle la vitesse est la même en tout point, à condition de négliger la variation insignifiante liée à l'approche de la balle vers le centre du cercle AD.

A l'exemple du pendule circulaire, Borelli ajoute celui d'une balle qui se déplace sur différents niveaux d'un cône renversé, dont la révolution est d'autant plus courte que le niveau est plus bas et conserve néanmoins la même vitesse linéaire ou (ce qu'il considère comme identique) circulaire : ainsi apparaît clairement la distribution entre cette vitesse et la vitesse angulaire [217].

Les observations qui suivent, ajoute Borelli [217a], ne sont pas moins claires et évidentes [fig. 21]. Prenons un vase conique ABC, fixons-le sur l'arc CD, qui passe par un trou E du plan FG, et dont l'extrémité D est placée dans un manchon du socle, de façon que le vase puisse tourner autour de son axe vertical ; dans sa partie inférieure, ce vase présente une arête circulaire capable de soutenir une petite balle en bois ou autre matériau, et de lui permettre de rouler circulairement ; posons la balle sur le bord supérieur du vase en A et faisons tourner le vase jusqu'à ce

217. *Ibid.*, 4 sq.

217a. *Ibid.*, 4 sq. : « Non meno chiara, e evidenti sarà questa esperienze ; prendasi un vaso conico à guisa di bicchiere ABC, il quale sia saldato nell'asse CD, e questo sia infilzato nel forame trasversale E d'una stanza FG, e con le vertice inferiore D si appoggi in una forame del pavimento in maniera, che tutto le vaso sia volubile intorno al suo asse perpendicolare all'orizonte ; abbia poi le detto vaso nella sua parte interna una zona ò risalto circulare HI nel qual possa sostenersi, e girare una pallottolina di legno ò d'altra materia ; posta poi la detta palla A nell'orlo supremo del vaso in A cominci a rivoltarsi insieme col vaso sin che arrivi ad una determinata velocità, non ha dubbio che la palla A acquisterà la medema velocità, che hà l'orlo supremo del uaso AB, cioè si manterra nel medemo segno, ò termine del lato del cono AHC, ora se in questo stato si lascerà precipitar la pallottolina A sino ad H, e se manterra la velocità del uaso nel medemo grado di prima, si vedra, chè la pallottolina arriuata in H non si fermera nel medemo lato del cono AC, ma scorrerà auanti fino in O in maniera, che l'intero cerchio HI, insieme con l'arco HIO sia equale, e tutta la circonferenza AB ; segno evidente, che il grado di uelocita, che aveva la pallottolina in A, conseruandosi anco in H, è necessario, che trascorra spazio equale a quel primo nel medemo tempo d'un intera revoluzione del uaso, si che, non perche si conduce più al basso alla circonferenza d'un cerchio minore per questo perde punto di quella velocità che la uertigine del uaso sia egalmente ueloce, tanto quando la palla è nel orlo A, quanto dopo esser caduta in H, si potrebbe porre un'altra pallottolina in B, la quale, se dopo esser caduta la palla A in H, perseuera l'altro nel termine B nel lato CB senza scorrere auanti, ne rimaner in dietro sarà segno indubitato, che la vertigine del uaso e uniformemente veloce, e simile à se medesima. »

qu'il prenne une certaine vitesse déterminée. Il n'est pas douteux que la balle A prendra la même vitesse que le bord du vase et demeurera donc au même point du bord. Abaissons maintenant la balle au point H. Alors, dit Borelli, si la vitesse du vase est maintenue, nous verrons que la petite

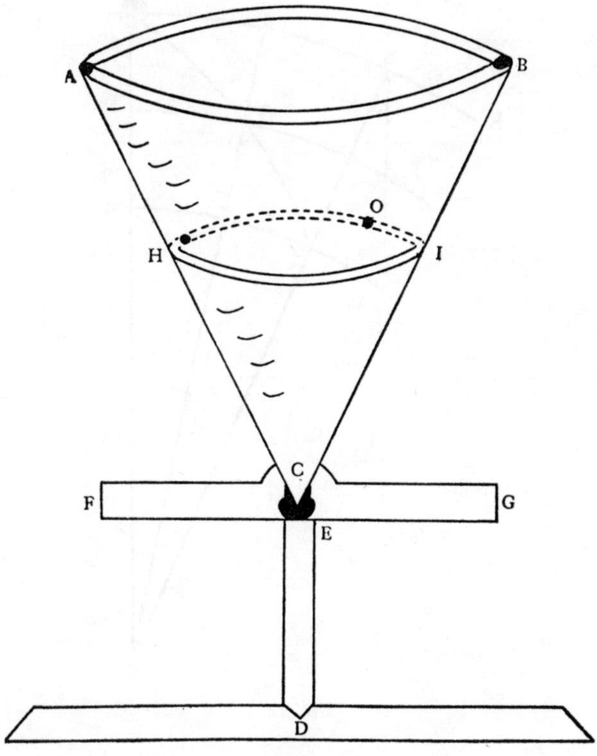

FIG. 21

balle ne restera pas en place, mais prendra par rapport au vase une avance, celle de l'arc HIO tel que la somme de l'arc HIO et du cercle HI soit égale à la circonférence AB. Cela montre clairement que la balle A conserve au point H la vitesse qu'elle avait en A et qu'elle doit donc nécessairement traverser, dans le (même) temps d'une révolution complète du vase un espace égal à celui qu'elle traversait avant d'avoir été abaissée en H, et que le fait de se mouvoir sur une circonférence plus petite n'a pas réduit sa vitesse.

Ayant réalisé son dessein, Borelli passe à la discussion du cas concret d'une pierre lâchée du sommet d'une tour ou du mât d'un bateau [218] :

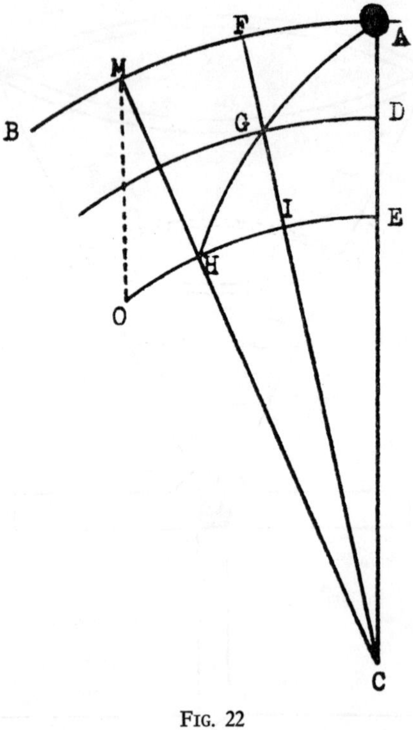

Fig. 22

Venons-en à ce cas ; soit C [fig. 22] le centre de la terre, EH la circonférence de l'équateur, AE la hauteur de la tour ou du mât du bateau, et supposons que AE ainsi que le rayon EC, exécutent un mouvement circulaire uniforme le long de la circonférence EH ; lâchons une pierre au sommet A. Le R.P. Angeli et moi reconnaissons d'un commun accord qu'une telle pierre

218. *Ibid.*, 6 sq. Il est intéressant de remarquer la différence entre le dessin que donne *ici* Borelli, et celui qu'il avait donné dans son *De Vi Percussionis,* cf. *supra,* p. 97.

quitte le sommet de la tour A avec deux *impetus,* dont l'un lui est communiqué par la rotation préexistante du rayon CEA, qui est uniforme, c'est-à-dire capable de traverser des espaces égaux en des temps égaux ; l'autre *impetus* est celui qu'il a en tant que corps grave capable de se mouvoir vers le centre de la terre C avec un mouvement uniformément accéléré. Jusqu'ici nous sommes d'accord. La seule question controversée est de savoir si le mouvement transverse qu'accomplit la pierre par rapport au mouvement d'approche du centre de la terre, sera peu à peu retardé en proportion des distances au centre, c'est-à-dire en supposant que l'*impetus* transversal soit capable de traverser en une seconde l'arc AF au sommet de la tour, si le corps grave transféré plus bas, par exemple abaissé en G, traverserait là, dans le même laps de temps, un arc plus petit que FA et égal à GD ; et si, transféré en H, il traverserait dans le même temps un arc égal à EI, et cela ainsi de suite, jusqu'à ce que, arrivé au centre C, ledit *impetus* transversal se trouve complètement annihilé et réduit au repos. En vérité, je comprends très bien que si la ligne AE était une baguette creuse contenant la balle de plomb qui tombe, alors cette baguette, en tournant en même temps que le rayon CA, transporterait ladite balle partout avec elle-même en son mouvement ; ainsi, quand AE serait rendu en FI, la balle A serait descendue vers le centre de tout l'espace FG et, en vertu du mouvement transversal, aurait traversé l'arc DG, plus petit que l'arc AF ; dans le second laps de temps, le rayon s'établissant en la position MH, et la balle parvenant en H, [elle] aurait, en vertu du mouvement transversal, traversé l'arc IH égal à IE et plus petit que DG, et ainsi de suite. Tout cela s'ensuivrait nécessairement, parce que la balle est contrainte, de gré ou de force, de se mouvoir en suivant le canal AE dans lequel elle se trouve emprisonnée ; il est donc vrai que le mouvement transversal de la balle serait réellement le même que celui du rayon CA et ne serait dans la balle que par participation, de sorte que ladite balle ne posséderait pas d'elle-même un degré de vitesse déterminé, mais l'aurait par participation (elle posséderait constamment exactement autant de [vitesse] que le rayon CA, au mouvement duquel la balle est contrainte d'obéir, lui en aurait communiqué). Et je ne doute nullement que, dans ce cas, le mouvement mixte de cette balle ne décrive la spirale dont parlent M. Fermat et le P. Angeli : la même conséquence s'ensuivrait si nous supposions, dans un raisonnement purement géométrique, que le point A se meut simplement sur le rayon AC d'un mouvement uniformément accéléré, tandis que le rayon AC décrit une circonférence de cercle d'un mouvement uniforme[219].

Mais, explique Borelli, le cas que nous traitons est tout différent. Nous n'étudions pas, d'une façon purement géométrique, le mouvement d'un point sur un rayon qui tourne — problème très intéressant, auquel Fermat a donné une brillante solution — ; nous n'étudions pas non plus le mouvement d'une balle qui se déplace à l'intérieur d'une baguette creuse, ou présente une autre liaison mécanique avec un corps physique épousant la direction du rayon vecteur, et qui est donc contrainte de suivre son mouvement. Nous nous occupons d'un corps grave qui n'est aucunement lié à la tour ou au mât, d'où il tombe. Dans notre cas, le rayon vecteur est une ligne purement imaginaire qui n'affecte en rien le mouvement du corps. Ce corps est, au début de la chute, doué d'un *impetus* transversal déterminé et, comme l'air, qui se meut avec la terre, n'oppose aucune résistance au mouvement du corps, cet *impetus,* imprimé au corps de façon indélébile, restera identique à soi-même. Le corps ne ralentira donc pas, mais continuera toujours son mouvement avec la même vitesse, c'est-à-dire traversera les mêmes distances dans le même laps de temps, malgré le fait qu'il se mouvra sur des circonférences qui diminuent constamment. Il est parfaitement ridicule de penser qu'il ralentira son mouvement parce qu'il approche du centre. Penser de la sorte, c'est seulement démontrer son incapacité de comprendre la différence entre les sciences mathématiques pures et les sciences mixtes (appliquées) telles que mécanique, acoustique, etc., incapacité d'autant moins pardonnable que les problèmes de relations entre ces sciences ont été clairement expliqués dans l'ouvrage même qu'a critiqué Angeli[220].

Aux raisons vraies et aux expériences soignées, sur

219. Il est intéressant de noter la similitude exacte du raisonnement (et de l'exemple) de Borelli avec celui de Manfredi. Il n'est pourtant guère possible que le livre de ce dernier, dont la préface est datée du 10 janvier 1668, ait pu être utilisé par Borelli, qui date son œuvre à lui du 29 février 1668. En outre, Borelli dit dans l'appendice à sa lettre (p. 24) qu'il vient juste (après achèvement de son propre ouvrage) de recevoir le livre de Manfredi.

220. Borelli pense bien entendu à son propre ouvrage : *De Vi Percussionis.*

lesquelles est fondée la dynamique dans ce livre, Angeli substitue ses propres opinions sans preuve, ses « je pense, je crois, il me semble », etc...

Ils devraient se tenir tranquilles, ceux qui ignorent la dynamique, qui remplacent la chute libre par un mouvement avec des liaisons mécaniques ou par le mouvement abstrait d'un point sur une ligne géométrique, ceux qui modifient les données initiales de leur problème, ceux qui ne se tiennent pas à leurs hypothèses initiales. S'ils ne gardent pas le silence, ils ne peuvent qu'accumuler les absurdités, comme le fait le Révérend Père Stefano degli Angeli.

Ayant ainsi traité son adversaire de cette rude façon — Borelli, comme il est bien connu, fut toujours un homme de « rapports agréables » et trouva le moyen, comme membre de l'Accademia del Cimento, de se quereller avec tout le monde, y compris Torricelli — Borelli passe à la discussion de la dernière objection soulevée contre lui par Angeli, à savoir que, si sa théorie était vraie, la pierre qui tombe ne tomberait pas au pied de la tour, mais prendrait de l'avance et dévierait vers l'est [221].

J'en viens maintenant à une opinion qui paraît si absurde que seuls des gens totalement dépourvus de bon sens et d'intelligence peuvent la soutenir. J'ai dit [222] que la pierre tombant du sommet d'une tour ou d'un mât tournera sur un grand cercle autour du centre de la terre (je l'admets toujours à simple titre d'hypothèse) [223], et n'accomplira pas sa chute le long d'une ligne tracée par cette tour perpendiculairement à la surface terrestre, mais doit s'en écarter, de telle façon que la trajectoire apparente d'une telle descente ne rejoigne pas directement le centre, mais s'écarte du rayon terrestre avec lequel elle coïncidait au début. Et, en vérité, je ne nie pas que cela m'ait, après que j'avais fini de faire imprimer mon livre, troublé au point que j'en vins à modifier l'hypothèse ainsi que la ligne décrite par le corps grave susmentionné [224] ; il est cependant

221. *Ibid.*, 12 sq.
222. Il ne l'avait pas réellement dit ; Angeli l'a déduit de ses prémisses.
223. Borelli était fortement — et à juste titre — suspect d'être copernicien.
224. Il ne modifia pas son hypothèse, mais, au moins sur le dessin, il modifia « la ligne ».

indéniable que la raison universelle[225] ne peut dépendre d'une simple imagination, ou d'un préjugé, et qu'on ne peut la rejeter [parce qu'elle conduit à affirmer que le corps qui tombe dévie de la perpendiculaire] sans avoir pris la peine de considérer attentivement ce que serait (et quelle amplitude aurait) l'écart par rapport à la perpendiculaire menée de la pierre à la surface de la terre. Si nous le faisons, nous reconnaîtrons clairement que la déviation apparente par rapport à la perpendiculaire, là où elle pourrait exister, serait absolument inobservable en raison de sa petitesse. Pour le comprendre clairement, nous emploierons la même figure que ci-dessus. La tour AE a 240 pieds de haut, elle est supposée tourner en même temps que le rayon terrestre CE sur l'arc EH d'une minute de l'équateur, de telle façon que la tour vienne au lieu HM et que, dans ce laps de temps, une boule de craie[226] tombant du sommet A parvienne à terre avec deux mouvements, savoir avec le mouvement transversal dont l'*impetus* uniforme est mesuré par l'arc AM et avec l'*impetus* descendant sur la perpendiculaire AE. Je dis que dans ce cas la boule ne tombera pas exactement au point le plus bas H de la perpendiculaire HM à l'horizon menée sur la face de la tour, mais que, tombant le long de la ligne MO, elle prendra de l'avance, et que l'arc EO devra être égal à AM, donc plus grand que EH. Je dois maintenant montrer que, en raison de sa petitesse, la déviation HO ne peut être observée, parce que, comme le rayon terrestre CA est supposé valoir 23 367 468 pieds romains (de l'antiquité) et la hauteur de la tour EA 240 de ces mêmes pieds, le rapport de l'arc terrestre d'une minute de l'équateur EH à l'arc AM traversé par le sommet de la tour sera le même que celui de CE à AC ; or, ce transit a lieu en 4 secondes de temps ; en conséquence, si on admet que l'arc HE est de 6 797 1/3 pieds romains, l'arc AM ou donc EO aura 6 797 48/120 pieds, donc l'excès HO 8/120 de pied, c'est-à-dire 8/12 de pouce, c'est-à-dire moins d'un pouce.

Or, explique Borelli, un tel écart est trop petit pour être observé, car la marge erreur d'expérience inévitable est de beaucoup supérieure, même si on substitue au lâcher d'une pierre tenue à la main — laquelle ne peut être parfaitement

225. *Il commun concetto*, c'est-à-dire non la conception communément admise, ni le concept du sens commun, mais le concept axiomatique de raison.

226. Allusion aux expériences pour lesquelles Riccioli utilisa la Torre degli Asinelli à Bologne.

immobile par rapport à la tour ou au mât — la chute d'une boule fixée à un fil et placée à l'intérieur d'une pyramide qui l'entoure complètement (ce afin d'empêcher les effets perturbateurs du mouvement turbulent de l'air), et qu'on provoque la chute en coupant le fil[227]. Il subsistera tant de facteurs de perturbation que la déviation restera expérimentalement inobservable, et nous percevrons le corps qui tombe comme se mouvant le long ou parallèlement à la tour ou au mât.

Mais il y a quelque chose d'autre et de beaucoup plus important à considérer, à savoir le fait que l'*impetus* transversal du corps qui tombe sera, non pas *circulaire,* comme on l'a admis, mais *rectiligne*[228].

Il est nécessaire de nous rappeler une propriété du mouvement circulaire, propriété qui est la faculté de faire sortir les mobiles hors de la circonférence sur laquelle ils commencent leur mouvement, et [de les chasser] sur la ligne droite tangente au cercle au point de séparation, chaque fois qu'il arrive que le corps en mouvement se détache de cette circonférence. Nous voyons ainsi que, dans le cas d'une pierre entraînée dans la révolution d'une roue, chaque fois qu'elle s'en détache, l'*impetus* circulaire dégénère en un *impetus* rectiligne, mais sans changer de direction, c'est-à-dire sans faire aucun angle avec la circonférence sur laquelle il se mouvait d'abord. Ce fait étant communément admis comme certain et évident, si je considère le sommet A de la tour ou du mât du bateau qui tourne autour du centre C de la terre en même temps que le rayon A sur la circonférence du grand cercle DA, je comprends que la pierre ou la boule placée au sommet A possède, en vertu de la rotation DA même *impetus* et vitesse que le sommet A de la tour, et s'il arrive que ladite boule se détache du doigt qui la soutenait en ce lieu, c'est-à-dire si elle est abandonnée dans un milieu fluide[230], il semble nécessaire que cette boule continue l'*impetus* acquis dans la rotation DA, non plus sur la circonférence du

227. Borelli a un sens aigu des conditions requises pour une bonne expérience. Sa technique, qu'il a probablement acquise à l'Accademia del Cimento, ne le cède en rien à celles de Huygens ou de Hooke.

228. *Ibid.*, 16 sq. Cf. fig. 23.

229. *L'expression* est caractéristique !

230. Dans l'air, dans lequel elle se déplace librement.

cercle AB, mais sur la ligne droite AH tangente au cercle au point A [231].

Le résultat de cette très importante correction de l'analyse initiale de la dynamique de la chute est de nous permettre de voir que la déviation réelle du corps qui tombe par rapport à la perpendiculaire sera encore plus faible que nous ne venions de le calculer, faible au point d'être non pas seulement inobservable, mais inexistante.

Réexaminons en effet la chose. Si le corps lâché au sommet de la tour était dépourvu de gravité (ce que nous pouvons facilement imaginer) [232], personne ne douterait qu'il ne continue son mouvement, non sur le cercle correspondant, mais sur la tangente au point où il est lâché, comme cela se passe lorsqu'un corps entraîné par une roue qui tourne, s'en détache : il s'échappe le long de la tangente. Mais le cas du corps grave est identique. Il faut le considérer comme doué de deux *impetus,* l'un le long de la tangente, l'autre vers le centre de la terre, et, comme ces *impetus* ou les mouvements correspondants, celui qui est uniforme (porté par la tangente) et celui qui est accéléré (porté par le rayon), n'interfèrent pas mutuellement, le corps se mouvra sur une courbe composée par eux deux [233]. Pour déterminer cette courbe, il nous faut modifier notre figure et tracer, outre la circonférence AB (trajectoire du sommet de la tour) [fig. 23], la tangente AH et les sécantes CE, CF, CG et CH, passant par les points E, F, G et H, correspondant à des distances égales AE, EF, FG et GH qui seraient traversées par le corps (chacune en une seconde de temps) si l'*impetus* de la gravité ne le faisait pas se mouvoir vers le centre C. Alors, afin de trouver la position du corps qui tombe à la fin de chaque

231. *Ibid.,* 19 sq. ; 22 sq. Il résulte de la théorie de Borelli que, sur la terre, et pas seulement dans les cieux, le mouvement du corps grave sera composé d'un mouvement vers le centre et d'un mouvement le long de la tangente. C'est exactement ce que dira plus tard Robert Hooke à Newton ; cf. mon mémoire cité, n. 1.

232. Cela est loin d'être aisé pour un esprit du XVIIe siècle. Un corps privé de gravité n'est plus un corps réel et ne peut donc recevoir un *impetus ;* cf. *infra,* p. 164.

233. Sur l'assimilation, par les élèves de Galilée, de la gravité à une force quelconque, cf. mes *Études Galiléennes,* 3, App. L'élimination de la pesanteur.

seconde, nous n'avons qu'à déterminer les points M, N, O, P distants respectivement de 15, 60, 135 et 240 pieds de points (imaginaires) E, F, G, H. En conséquence[234] :

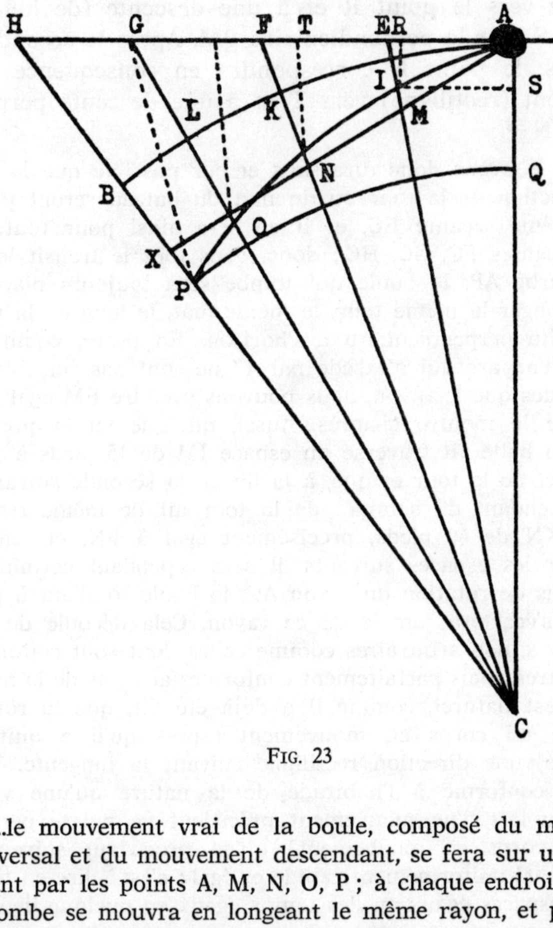

FIG. 23

...le mouvement vrai de la boule, composé du mouvement transversal et du mouvement descendant, se fera sur une courbe passant par les points A, M, N, O, P ; à chaque endroit la boule qui tombe se mouvra en longeant le même rayon, et par conséquent la même ligne tracée sur la face de la tour ; car, pendant la même seconde, dans laquelle l'*impetus* transversal pousse la pierre sur la tangente AE, l'*impetus* de la gravité la transporte sur la sécante EC de E en M et cette sécante EC forme avec la

234. *Risposta,* 18 sq.

tangente EA un angle aigu parce que l'angle EAC est un angle droit du même triangle[235].

Il en résulte que l'*impetus* descendant ramène pour ainsi dire le corps vers A. Le point M correspond à un mouvement rectiligne vers le point R et à une descente (de longueur égale à AS) sur la perpendiculaire RM. Après le second laps de temps, le point N correspondra en conséquence à un mouvement (rectiligne) vers T et à une descente perpendiculaire TN[236].

Nous pouvons donc dire sans erreur possible que la boule et la direction de la tour ou du mât du bateau seront placées sur la même sécante EC, et il en sera ainsi pour toutes les autres sécantes FC, GC, HC ; donc, dans tout le transit le long de la courbe AP, la boule qui tombe sera toujours placée de façon à longer la même tour, le même mât, le long de la même ligne droite perpendiculaire à l'horizon. En outre, comme les sécantes d'un arc qui n'excède par 1″ ne sont pas sensiblement plus grandes que le rayon, nous pouvons prendre EM égal à IM, comme je le montre ci-après. Aussi, quoique en la première seconde la balle ait traversé un espace IM de 15 pieds à partir du sommet de la tour et que, à la fin de la seconde suivante la balle descendant du sommet de la tour ait de même traversé l'espace KN de 60 pieds, précisément égal à FN, et ainsi de suite pour les espaces suivants, il sera cependant certain que, dans le cas de rotation du rayon AC, la boule tombant à partir de A ne s'écartera jamais de ce rayon. Cela découle de deux suppositions, non arbitraires comme celles dont sont coutumiers les géomètres, mais parfaitement conformes aux lois de la nature, puisqu'il est naturel, comme il a déjà été dit, que la rotation confère à un corps en mouvement (après qu'il a quitté la conférence) une direction rectiligne suivant la tangente. Il est en outre conforme à l'habitude de la nature qu'une vitesse acquise du fait d'un mouvement précédent ne puisse persister [dans le corps en mouvement] qu'en procédant suivant un [mouvement] uniformément rapide et égal ; c'est-à-dire en traversant des espaces égaux en des temps égaux en quelque lieu qu'il

235. L'angle formé par l'intersection des sécantes avec la ligne droite AH devient de plus en plus aigu, et l'*impetus* le long des sécantes vers C tire donc le corps en mouvement toujours davantage vers A, c'est-à-dire vers la tour.

236. *Ibid.*, 19 sq.

se trouve, tant qu'il n'y a pas rencontre d'une cause qui ralentit ou entrave le mouvement.

Borelli a parfaitement conscience que, d'un point de vue strictement mathématique, la proposition qu'il a déduite n'est pas tout à fait correcte et que, si la chute du corps grave continuait jusqu'au centre de la terre[237], il s'écarterait considérablement du rayon vecteur, au moins dans la partie moyenne de la descente. Mais, dans notre cas, celui qui est accessible à l'expérience, la déviation sera quasi inexistante. En effet, pour un arc d'une seconde, elle sera inférieure à 1/250ᵉ de pouce.

Nous devons néanmoins tenir compte du fait que nous avons placé le point de départ du mouvement vers le bas aux points E, F, G, H, situés sur la tangente, et non aux points I, K, L, B, qui représentent les positions correspondantes sur la tour. Il semble en découler que, pour arriver au pied de la tour, le corps qui tombe aurait *plus d'espace* à traverser, prendrait *plus de temps* pour cela, et frapperait donc le sol plus tard si la terre se mouvait que si elle était immobile[238]. Mais il est aisé de voir que cet excès de la sécante sur la tangente même quand il correspond à un déplacement de 1″ de la tour exécuté en 4 secondes de temps, ne dépassera pas 11 pouces. Cet excès, comparé à la distance totale de descente (240 pieds) est si faible, que la différence de temps, environ 27 1/2‴, sera parfaitement imperceptible et que, même avec le pendule le plus rapide, elle ne sera pas mesurable[239].

Peut-on supposer qu'un homme pourra faire des observations exactes avec un pendule suffisamment petit et mesurer sans erreur un temps si imperceptible ? Les gens expérimentés dans la mesure du temps savent fort bien combien facilement

237. Malgré la substitution du mouvement sur la tangente au mouvement sur la circonférence, Borelli croit que le corps grave atteindra le centre de la terre.

238. Chose étrange, Borelli ne remarque pas que toutes ces considérations sont dénuées de signification pratique, étant donné que *(a)* il est impossible de comparer expérimentalement les deux cas, c'est-à-dire, si la terre est immobile, de la mettre en mouvement ou, si elle l'est, de l'arrêter, et *(b)* que les mesures de vitesse de la descente sont faites sur la terre telle qu'elle existe.

239. *Ibid.*, 22 sq.

on commet une erreur de quelques tierces. Ne parlons pas de la quarte, intervalle que même l'imagination n'atteint pas. Or, en raison de l'inévitable difficulté de la mesure, nous devons confesser que, lors de la mesure des temps de toutes les chutes, IM, KN, LO, BP, de petites erreurs seront commises, de l'ordre de la traversée possible des excès desdites sécantes, puisque, comme il a été dit, ils doivent être traversés en des durées absolument imperceptibles. Donc, obligés comme nous le sommes de nous en remettre au jugement de nos sens, nous ne pouvons qu'avouer que, dans l'hypothèse où le mouvement transversal uniforme se fait sur la tangente au cercle AH et les chutes sur les sécantes d'un arc de l'ordre d'une minute, il est très possible de sauver la trajectoire oblique AP de la boule qui tombe avec toutes les circonstances qui ressortent de l'expérience, c'est-à-dire de maintenir que la boule qui tombe longera toujours la face de la tour, et que les espaces traversés dans les chutes seront en raison doublée des temps.

XII. — ZERILLI CONTRE S. DEGLI ANGELI

Si Borelli s'imaginait que son opuscule, si curieusement pensé et si mal écrit, convaincrait le Père Stefano ou, du moins, le réduirait au silence, et mettrait ainsi fin à la polémique, il usait en fait d'un optimisme injustifié et se méprenait sur le caractère de son adversaire.

Au lieu de se tenir tranquille — ce qu'il ne pouvait d'ailleurs pas, puisque Borelli l'avait pratiquement accusé de plagiat — Stefano répliqua en publiant ses *Terze Considerazioni* [240]. Mais s'il espérait lui aussi, ce faisant, avoir le dernier mot dans la controverse avec Borelli, comme il croyait l'avoir eu avec Riccioli, il se trompait fort. Borelli laissa bien tomber l'affaire, mais un de ses élèves, un certain Diego Zerilli [241], descendit dans l'arène afin de défendre la position et les théories de son maître. Et Riccioli, probablement encouragé par le développement du conflit, se joignit à la bataille cette fois sous son nom propre, en publiant en latin une *Apologia* [242] pleine de dignité et de pompe. Le pauvre

240. *Terze Considerazioni sopra una lettera del... Signor Gio: Alfonso Borelli, scritta in replica di alcuni dottrine incidentemente tocche de Fra S. de gl'Angeli... nelle sue prime considerazioni sopra la forza di certo argomento contro il moto diurno della terra*, Venezia, 1668 ; cf. n. 130. Les *Terze et Quarte Considerazioni* de S. degli Angeli, ainsi que les écrits de Zerilli et Riccioli sont très rares. Aussi en citerai-je le texte original.

241. On ne sait pratiquement rien de Diego Zerilli. Suivant Gio. Cinelli, *Bibliotheca Volante*, 4 : 386, Calvoli, 1747, il devint plus tard professeur à l'Université de Pise : « Era assai giovane il Signor Dottor Zerilli quinde diede in luce questo suo dottissimo opusculo. Ora è un de' maggiori ornamenti dello studio Pisana, ed è con ragione amato, e stimato da chi che sia, toltone alcuni pochi, che non conoscono, o fingono di conoscere il merito di esso. »

242. *Apologia R.P. Io: Bapt. Ricciolii, Societatis IESU Pro Argumento Physicomathematico contra Systema Copernicanum*, Venetiis, 1669, cf. n. 130.

Père Stefano se trouva donc dans une situation pire que jamais : il devait ou accepter la défaite, ou continuer la lutte en se défendant contre adversaires nouveaux et anciens. C'est ce qu'il fit dans les deux *Dialogues* — les sixième et septième — de ses *Quarte Considerazioni*[243].

Dans mon analyse de ces polémiques ressuscitées, je suivrai l'ordre chronologique. Je commencerai donc par exposer la réponse de Stefano degli Angeli à Borelli, en même temps que la contre-attaque de Zerilli, je passerai ensuite à la réaffirmation des dispositions d'Angeli contre celles de ses adversaires, et je conclurai par l'*Apologia* de Riccioli et la réplique finale de Stefano degli Angeli.

En fait, les *Terze Considerazioni* d'Angeli, et les *Confermazione*[244] de Zerilli ne présentent guère de considérations ou d'arguments nouveaux sur le problème de la trajectoire de la chute ; ils en présentent néanmoins qui sont très intéressants parce qu'ils nous représentent le dernier état de la discussion — avant Hooke et Newton.

Angeli commence par expliquer pourquoi, bien qu'après la publication de ses *Seconde Considerazioni,* il eût décidé de ne plus écrire sur ce sujet, il ne s'est pas tenu à sa décision. La raison en est que, Borelli ayant dans sa *Riposta* exprimé des doutes sur la franchise et même l'honnêteté d'Angeli, il lui faut répondre afin de prouver au monde sa parfaite sincérité et sa bonne foi, d'autant plus que ses critiques contre Borelli — qu'il admire profondément — n'ont pas été gratuites. C'était en effet Borelli qui, dans une lettre à Michel Angelo Ricci avait, longtemps avant la publication des premières *Considerazioni,* attaqué la théorie qu'y développe Angeli[245].

243. *Quarte Considerazioni sopra la confermazione d'una sentenza dal Sig. Gio. Alfonso Borelli... prodotta da Diego Zerilli... e sopra l'Apologia del M.R.P. Gio. Battista Riccioli... espresse dal medesimo S. degli Angeli, Venetiano...* In Padoua, 1669 ; cf. n. 130.

244. *Confermazione d'una sentenza del Signor Gio : Alfonso Borelli M. Matematico dello Studio di Pisa di nuouo contradetta dal M.R.P. Fra Stefano De Gl'Angeli Matematico dello Studio di Padoua nelle sue terze considerazioni prodotta da Diego Zerilli.* In Napoli, 1668 ; cf. n. 130.

245. *Terze Considerazioni, preface, « Al cortese lettore.* Havevo constantemente determinato di non scriver più altro in simile proposito, e hauerei esequito quando il Signor Borelli hauesse replicato

Le Père Stefano est particulièrement chagriné par l'insinuation de Borelli, suivant laquelle il n'aurait pas inventé sa théorie, mais l'aurait empruntée à Fermat *via* Mersenne[246]. Il répond que le récit par Borelli d'une solution du problème par Fermat, publiée par Mersenne et communiquée à Galilée, est pour lui « la première nouvelle », étant donné qu'il ne possède pas l'ouvrage de Mersenne et l'a seulement aperçu hâtivement. Mais il est heureux d'être d'accord avec un homme aussi illustre que Fermat, dont il n'a jamais rien lu, mais qu'il a toujours entendu louer comme un homme d'éminente capacité[247].

Angeli poursuit en protestant contre l'accusation portée contre lui par Borelli, de n'avoir basé que sur sa propre autorité, et non sur des preuves[248], sa théorie de la diminution de la vitesse transversale du corps qui tombe. C'est exactement le contraire qui est vrai. L'opinion qu'il soutient est basée sur l'autorité de Galilée et est commune à tous ceux qui ont défendu la théorie copernicienne contre les objections de ses critiques[249], tandis que celle de Borelli n'appar-

cose tali, che tù le potesse giudicare dalla sola lettura, ma hauendo riempiuta questa lettera di questi sospetti della mia ingenuità, e modo di procedere, non posso, non deuo tacere in conto alcuno se non voglio dar a vedere d'acconsentire, essendo tropo geloso, che il mondo tutto sapia, che l'hò sempre riuerito, e stimato quanto meritano le sue gran virtu. »

246. Cf. *supra*, p. 136.

247. *Terze Considerazioni*, p. 3 : « Havendola adunque trascorsa hò notato nel principio d'esso vna cosa, che mi è riuscita nuova, cioè che il P. Mersenno alla faccia 5 de suoi Fenomeni Balistici dica, che il Signor di Fermat habbia considerata la linea, che descriuerebbe il graue cadente, supposto falsamente muouesi la Terra, e che gia molti anni ne sia stata mandata la demostrazione al Galileo. Questa cosa mi è riuscita, come hò già detto, nuoua perche ne io tengo l'opere del Mersenno, ne mai l'ho vedute che alla sfuggita. Hò però gran piacere d'essermi accompagnato in questa speculatione con huomo tanto famoso, qual è stato Sig. di Fermat ; di cui se bene non hò mai veduto cosa alcuna, hò però, e gia molti anni quando mi ritrouauo in Roma, dall illustrissimo e dottisimo Signor Michel Angelo Ricci, e poi successivamente da molti altri peritissimi Geometri, vdito celebrarlo per soggeto realmente singolarissimo. »

248. Cf. *Terze Considerazioni*, 5 sq. : Borelli says (cf. *supra*, p. 136) : « che confermi questa propositione con la sua mera autorita, mentre credo, che sia singolare. »

249. *Ibid.*, 6 : « Il Galileo, Gassendo e tanti altri giudicano che il vento perpetuo verso Occidente nella Zone torrida prouenga dall'aria, che separata dalla Terra non seguiti totalmente il suo moto verso Oriente. »

tient qu'à lui [250]. Ce à quoi Zerilli réplique, non sans raison, que cela est à côté de la question, le problème étant de savoir, non si cette opinion est soutenue par les partisans de Copernic, mais si elle est vraie [251].

Irrité par le reproche de Borelli, suivant lequel il ne comprend pas la différence entre sciences mathématiques « pures » et « mixtes » (appliquées), Angeli suggère une cause physique de retardation, à savoir la résistance de l'air au mouvement transversal du corps qui tombe, laquelle doit augmenter à mesure que le corps approche du centre de la terre. Au cours de cette approche, en effet, il pénètre dans des régions de l'air qui se meuvent toujours plus lentement — car l'air se meut avec la terre, comme un tout, et a partout la vitesse transversale du point correspondant du rayon-vecteur — l'air résiste donc de plus en plus au mouvement du corps en question, qui, relativement à lui, est toujours plus rapide [252]. En effet, personne ne met en doute la résistance du milieu, c'est-à-dire de l'air, au mouvement progressif. Même Borelli, qui croit pourtant qu'un corps en mouvement conserve sa vitesse en dépit d'un changement de direction, reconnaît et même enseigne que, dans l'air, l'*impetus* du corps en mouvement diminue continuellement depuis le premier instant du mouvement et s'annihile complètement à la fin [253].

Ce raisonnement, répond Zerilli, est très subtil. Mais cette retardation suffira-t-elle pour ralentir le mouvement du corps qui tombe dans la proportion qu'exige Angeli ? Manifestement non, parce que la résistance de l'air, comme on le voit par l'expérience du pendule, est beaucoup trop faible, et qu'elle ne sera de toute façon pas capable de retarder le mouvement dudit corps au point de le maintenir sur le rayon-vecteur. En outre, Angeli semble le reconnaître lui-même, puisqu'il estime nécessaire d'invoquer une seconde cause de retardation [254].

250. *Ibid.*, 6 : « Li Copernicaei sudano la fronte à conservare la cossistente velocità, ...ma niuno, certamente, che io habbio veduto concede maggior celerità, come vuole il Sign. Borelli. »
251. Cf. *Confermazione*, 8.
252. Cf. *Terze Considerazioni*, 8 sq.
253. Cf. *Terze Considerazioni*, 9.
254. *Confermazione*, 9 sq.

Cette seconde cause, de beaucoup plus importante, est simplement la nécessité, pour le corps grave, de rester sur la même ligne droite (rayon) dans son mouvement vers le centre de la terre. Cela, dit Angeli, parce qu'en fait la pierre qui tombe n'a pas simplement, quand elle se sépare de la tour, un *impetus* ou vitesse transversale circulaire, mais une vitesse relative vers le centre, qui doit continuellement opérer de la même façon et la maintenir sur le rayon même sur lequel elle a commencé son mouvement [255]. Si on voulait une preuve supplémentaire de la validité de cette assertion, on pourrait faire appel à la théorie keplérienne de l'attraction magnétique : n'est-il pas clair que ces forces d'attraction, qui agissent entre le corps grave et la terre ou entre l'aimant et le morceau de fer les attireront toujours vers le centre et les maintiendront donc sur la même perpendiculaire ? [256]

Mais, répond Zerilli, est-ce là une preuve ? Est-ce autre chose qu'une répétition par Angeli de son affirmation, suivant laquelle la pierre qui tombe conserve, pendant qu'elle tourne, une vitesse qui la maintient sur le rayon ? Le Révérend Père ne fait que répéter la même chose en termes différents et prétend donner une démonstration, alors qu'il se

255. Cf. *Terze Considerazioni,* 18 : « Hora nel Schema del Sig. Borelli posto il graue A, nelle sommità della Torre AE, e girata questa con la Terra, il graue A descriue l'arco AFM e sempre rimira il centro per la medema linea fisica AC perche questa corre dietro al graue. Staccato il grave dalla Torre, hà in realtà impressa vna velocità, che lo porta in giro, mà vna velocità respettiva verso il Centro, qual deve sempre mentenere, e conservare rimirandolo nel medesimo modo, et per medesima perpendicolare che gli corre pur dietro », cf. p. 45 : « Se non sopra giunger altra cagione, che lo sospinga, ò impedisse. »

256. Cf. *Terze Considerazioni,* 18 : *Cont.* « Per vna similitudine poniamo che il punto C, sia centro d'una sfera di calamita esquisita nella circonferenza della quale sia il polo E e dentro la sfera della sua attiuità sia collocata la sferetta, di ferro A, ma impedita con qualche ostacolo che non possa correre ad unirsi con il polo E ; e questi corpi siano collocati sopra qualche piano orizontale, che posse girarsi intorne al centre C ; si facino girare ; il polo E, descriuera l'arco EH e il ferro A, l'arco AM magiore e in consequenza con maggiore velocità ; sia leueato ostacolò, si chè il ferro corra ad unirsi con la calamita, e nel tempo che si consuma nel farsi questa unione il polo E, sia arriuato in H. » Il est intéressant de noter qu'Angeli, qui a rejeté l'explication de la gravité par l'attraction (cf. *supra*, pp. 128 sq.) fait maintenant appel à Kepler.

borne à répéter son opinion propre sans l'appuyer d'aucune espèce de raison[257].

En vérité, insiste Zerilli, le Père Angeli a probablement conscience de la faiblesse de ses arguments. C'est pourquoi il a recours à « je ne sais quelle théorie de Kepler »[258] et dit que les phénomènes produits par l'attraction magnétique nous permettent de comprendre par analogie ce qui se passe pendant le déroulement de la chute.

Zerilli est manifestement injuste. L'analogie est un mode fondamental de la pensée scientifique, et la façon dont Angeli essaie de perfectionner l'analogie en faisant entrer la fameuse expérience de Kepler dans le cadre borellien de la descente est ingénieuse[259]. Soit C, dit-il, le centre d'un aimant, E son pôle d'attraction, A une boule de fer, et supposons que tous deux flottent sur l'eau. Alors, si l'aimant tournait autour du centre C et que le pôle décrivît l'arc EH, la boule de fer suivrait certainement l'arc AGH et rejoindrait en H le pôle de l'aimant. Il ne le dépasserait certainement pas et n'arriverait pas au point 0, comme peut-être Borelli voudrait le faire croire[260].

Pauvre Angeli ! Il n'est décidément pas fort en physique ; Zerilli ne laisse pas passer l'occasion de le souligner et de montrer que l'analogie affirmée par Stefano n'existe pas. Les deux cas n'ont rien de commun : la boule de fer n'est pas attirée vers le centre, mais vers le pôle de l'aimant ; inversement, le corps grave tend vers le centre de la terre, non vers le pôle nord[261].

257. Cf. *Confermazione,* 17 : « Ma, Padre mio, questà e la conclusione ignota replicata con altra frase. »

258. *Ibid.,* 18.

259. Cf. *Terze Considerazioni,* 19 : « Per una certa similitudine posto che il punto C sia centro d'una palla di calamita il cui polo traente sia E, e dentro la sfera della sua attivita sia una palla di ferro A, ed ambedue gallegino nell'acqua, e girino intorno al Centro C, è certo che il polo B descriuera l'arco EH ed il ferro A passerà l'arco AM magiore di quello, e pero piu veloce, e mentre il ferro A si conduce alla calamita, il polo si arrivato in H. »

260. *Ibid.,* 19 : « Crede il Signor Borelli che il ferro si unirà col polo H, o pure col punto O, per cagione dalla magior velocità circolare ? Io per me credo che con polo E, il H, perche questo rimira, e all vnione con questo aspira. »

261. Cf. *Confermazione,* 19.

Mais qu'en est-il des preuves d'observation et d'expérimentation alléguées par Borelli ? Du cas du bateau qui conserve sa vitesse, quoiqu'il décrive une courbe après s'être mû en ligne droite ? Du cas du pendule circulaire et de la balle qui fait le tour d'un cône renversé ?

Pour ce qui est du bateau, Angeli pense qu'il conserverait en effet sa vitesse en dépit de son changement de direction, pourvu que le moteur continuât à agir ; mais s'il en était séparé, il ralentirait [262]. La même chose arriverait dans les cas du pendule et de la boule : ils ne conserveront pas leur vitesse, ils ralentiront, et ce d'autant plus que leur trajectoire est plus courbée [263]. Borelli a-t-il réellement exécuté les expériences qu'il nous présente comme preuves de son affirmation ? Angeli, qui pense manifestement qu'il y a quelque chose de faux dans la description de Borelli, en doute fort, et, quoique le mathématicien déclare que cela n'a pas d'importance, Ofreddi est néanmoins prêt à parier qu'il n'a pas exécuté la première expérience et trouve encore plus difficile de croire à la dernière [264].

Angeli ajoute que, si la conception de Borelli était vraie, il en découlerait beaucoup de choses qu'il estime incroyables. Ainsi, si on creusait un puits à travers le centre de la terre, un corps qu'on y jetterait ne pourrait jamais atteindre ce centre, empêché qu'il en serait par la « corpulence » de la terre [265]. Pour faire tomber Phaëton dans le Pô, Jupiter serait obligé de le frapper de sa foudre à un moment où il en serait encore très éloigné, et de quelle maîtrise n'aurait pas dû faire

262. *Terze Considerazioni,* 11 : « OFRED. Ma la finitione del Sig. Borelli si reiduce à questo, come segue à dire, che quando vn mobile viene spinto da diuerse virtù, motiue, ciascuna fa il suo officio, non impensendo vna l'operatione dell' altra etc. »

263. *Ibid.,* 12, 14.

264. *Ibid.,* 12 : « OFRED. Che il Sig. Borelli habbia fatta questa esperienza mi è più duro du digerire, che della passata. »

265. *Ibid.,* 14 : « OFRED. Grande infortunio sarebbe il nostro, se si mouesse la Terra, che la discesa del graue venga impedita dalla corpulenza della Terra, perche se questa girasse, e fosse forata sino al centro, e noi fossimo qui, se e vero, che come dice il Sig. Borelli.

» Anzi che forse non gl'arriuarebbe che in lunghissimo tempo, e forse mai, mentre, come dice il Sign. Borelli alla facciata 20, il moto all'ingiù si anderebbe sempre più debilitando, cio è li spatij passati non caminarebbero con la proportione delli quadrati delli tempi. »

preuve l'aigle qui laissa tomber la tortue sur la tête d'Eschyle ! [266]

Angeli est plus à l'aise avec les raisonnements purement mathématiques ou purement cinématiques, et son dernier argument contre la conception du mouvement de descente telle qu'elle avait été développée par Borelli est sûrement de beaucoup le plus fort. Le déroulement de la chute, objecte-t-il, ne pourrait se conformer à la théorie de Borelli que si l'on admettait que le mouvement circulaire et le mouvement vers le bas n'interfèrent pas mutuellement, et que par la suite le corps grave (la pierre qui tombe de la tour) se mouvrait constamment avec la même vitesse circulaire (transversale) [267]. Mais, dans ce cas, comme les cercles sur lesquels il se meut diminuent constamment et deviennent infiniment plus petits que le cercle initial, le corps qui descend devrait, avant d'atteindre le centre, accomplir un

266. *Ibid.*, 15 : « OFRED. Si chè se quello, che cadesse fosse qualche animal viuo, le assicuro che hauerebbe un gran capogiro, e storidmento. CONT. : Feronte forse hauerà esperimentato quanto dice il Sig. Borelli, perche fulminato da Gioue douete principiar à piombare molto lontano dal Pò sopra il qual cadete. OFR. Gran maestria bisognera, che fosse stata quella dell'Aquila, che credendo il capo del mizero Eschilo vna picha gli lasciò cader sopra la Testitudine per romperla. »

267. *Terze Considerazioni,* 36 : « MATT. Concessa questa dottrina al Sig. Borelli, non credo che si possa altro dedurre, se non che girando il sasso nella sommità della Torre con la reuolution diurna, e soprauenendo il moto all'ingiù questo non impedisca quello, si che per questo capo seguiti à muouersi con la medesima velocità circolare, la quale si come prima del moto discensiuo muoue in giro, così dopo la giunta di questo sequiti a muouer in giro. » Comme nous le voyons et l'avons déjà vu (cf. *supra,* p. 108), Angeli comprend parfaitement la signification et la structure de la théorie de Borelli ; mais il ne l'accepte pas, car il la regarde comme une construction purement mathématique. *In rerum natura* les deux mouvements ne seront pas mutuellement indépendants, et le mouvement transverse ne maintiendra pas sa vitesse parce que (*ibid.*, 37) : « accostandolo sempre più e più al Centro, al quale questo sempre aspira, ed anela rimirandolo constantemente, acciò questo possa fare, besogna che si muoua in giro con tanta più tardità. »

nombre infini de révolutions [268], ce qui signifie qu'il ne l'atteindrait jamais [269].

Le Père Stefano a en même temps raison et tort : tort de croire que la nécessité d'accomplir un nombre infini de tours empêcherait le corps d'atteindre le centre de la terre, raison de déclarer que, dans la conception de Borelli (particulièrement la dernière, développée dans sa *Risposta*) le corps qui tombe n'arriverait jamais au centre de la terre, pas davantage qu'il n'adviendrait à des planètes qui gravitent vers le soleil, de tomber sur lui. Elles tourneraient éternellement autour de lui.

L'objection de Stefano degli Angeli est présentée par lui sous forme de raillerie, destinée à ridiculiser Borelli — Zerilli en est à bon droit courroucé [270]. Elle est cependant suffisamment sérieuse pour l'inciter à la combattre sur le terrain théorique, et même à modifier en conséquence (malencontreusement, nous allons le voir), la théorie de Borelli, ou, c'est ainsi qu'il présente la chose, à l'expliquer plus clairement, afin de prévenir des malentendus, comme par exemple avec Angeli.

Jusqu'alors, Angeli n'a traité que de la première théorie « circulaire » de Borelli. A dire vrai, la nouvelle, celle qui remplace l'*impetus* circulaire par l'*impetus* rectiligne le long de la tangente, ne lui paraît guère mériter d'être traitée et critiquée en détail. Pour cela, l'autorité du grand Galilée devrait suffire [271].

Le Père Stefano n'est toutefois pas sans méfiance. Comment Borelli va-t-il réagir à un traitement aussi désinvolte ? Le Père Stefano, non sans raison, est inquiet à ce sujet. Comme nous l'avons vu, Borelli a été désagréable dans

268. *Ibid.*, 15 sq. : « Supposto che il sasso girasse con il moto diurne, e cadesse sin al Centro della terra, se fosse vero che il graue trattenesse la medesima velocità, che aueua nella sommità dell'arco, perche li concentrici all'arco, che descrive il graue nella predetta sommità vicini al Centro sono infinitamento minori di quella porzione di esso descritta nel tempo della discesa, il graue prima d'arriuare al Centro girarebbe infinite volte intorno ad esso. »

269. Cela paraît à Angeli une conséquence si absurde que montrer qu'elle est impliquée par la théorie de Borelli équivaut à réfuter cette dernière.

270. Cf.*Confermazione,* 24.

271. Cf. *infra,* n. 277.

sa *Risposta.* Aussi, bien qu'il soit parfaitement clair que l'ire de Borelli a toujours été dépourvue de fondement et que le Père Stefano se soit déjà plaint que ses intentions et ses sentiments aient été mal interprétés, il croit nécessaire de prendre des précautions. Il écrit donc [272] :

Sign. Borelli ne s'y est certainement pas trompé et sait combien il a eu tort de suspecter la sincérité de mon respect pour lui, et l'estime que j'ai pour sa valeur et la profondeur de ses connaissances. Il est néanmoins nécessaire que l'examen de ses dires soit précédé d'un compte rendu véritable de l'histoire [des polémiques que lui, Angeli, a eues avec Riccioli et, incidemment et accidentellement, avec Borelli [273]] : Il y a déjà cinq ans,

272. *Terze Considerazioni,* 22 : « Matt. Hò notato anch'io cosi alla sfuggita nel leggere, questi stupori ; e acciò che il Sig. Borelli se desinganni, e conosca quanto falsamente habbia sospettato della sincerità della seruitù, che gli professo, e della stima, che faccio delle sue gran virtù, e della profondità del suo sapere, è necessario, che alla considerazione de quanto dice, io facía precedere un racconto verdico. »

273. *Ibid.,* 22 sq. : « Gia anni 5 hebbi fortuna d'incontrare nella misura delle mie infinite spirali inverse, che ho publicata solo li mezi passati nel mio libretto, con la quale occasione connobi, chè la semità del graue cadente sarebbe fuori della circonferenza del circolo, e non dentro, come contro il famoso Galileo diceua l'altretanto famoso Riccioli nel suo Almagesto. Ne auisai questo con mia lettera, e ne riceuei riposta tale, che mi obligò à scrivergli con maggior risolutione ; e tanto s'inoltrò il negotio, che io m'impregnai seco, che hauerei stampato li miei sensi distesi la mesura della infinite spirali, e in vn scholio toccauo questa controuersa con il P. Riccioli, ma per varij impedidimenti differii la stampa del mio libretto. L'anno passato mentre mi ritrouano in Padoua per la festa del Santo capitò vn certo da Bologna, il quale mi portò à donare da parte del dottisimo Sig. Montanari vn' esemplare dellí suoi Esperimenti Fisico-Mattematichi, e perche questo mi fù diretto per opera di vn suo scolare, mi mandò di più questo di propria cortesia un trattatelo manuscritto del medemo Montanari, nel quale si conteneua quella dottrina delli angoli de diuersa inclinatione da me registrata nel mio Dialogo secondo alla facciata 119 accio ne discesi il mio parere. Questa scritturetta mi riduesse à memoria l'impegno nel quale mi trouauo con il P. Riccioli ; sì che venuto à Venetia principiai à scriuere li miei primi Dialoghi, li quali mentre scriuendo mi fu da parte del Sign. Borelli fatto il pretioso regalo del suo eruditissimo libro *De Vi Percussionis,* il quale non potendo per le predette occupationi studiare, come era mio desiderio, e hauendo gia scritto a Bologna al Sig. Montanari, con il quale non haueuo hauuto prima amicitia, con occasione di ringratiarlo del dono fattomi, qualche cosa circa la dottrina delle mie Spirali, questi impedito dal male d'occhi mi fece scriuere dal predetto scolaro, che il dottissimo Sig. Cassini gli haueua detto scriuer qualche cosa di questa Spirale il Sig. Borelli nel predetto libro ; il

[j'étudiais] la mesure de mes spirales renversées infinies, je n'ai publié cette étude que le mois dernier dans mon opuscule ; à cette occasion, j'eus la bonne fortune de découvrir que la trajectoire du corps grave qui descend sera à l'intérieur et non à l'extérieur du cercle, contrairement aux dires de l'illustre Galilée et de l'illustre Riccioli dans son *Almageste.* J'en informai ce dernier par lettre et reçus une réponse telle, que je dus lui écrire avec plus d'insistance. Et cet échange [de vues] prit une tournure telle que je m'imposai l'obligation d'imprimer ma théorie sur la mesure des spirales infinies, et de mentionner dans un scolie cette controverse avec Riccioli, mais des obstacles divers m'ont fait différer l'impression de mon opuscule. Me trouvant l'an dernier à Padoue une fois de plus pour la fête du Saint, je rencontrai une personne de Bologne qui me fit cadeau de la part du savant Sign. Montanari [274] d'un exemplaire de ses Expériences Physico-Mathématiques et, comme cet [ouvrage] m'était parvenu par le canal d'un de ses élèves, je reçus en outre, par courtoisie personnelle, un petit traité manuscrit du même Montanari, contenant la théorie concernant les angles d'inclinaisons diverses que j'ai mentionnée dans mon Second Dialogue, à la page 119, où j'ai dit ainsi ce que j'en pensais [275]. Cet opuscule me remit en mémoire l'obligation que j'avais envers le P. Riccioli ; rentré à Venise, je commençai à écrire mon premier Dialogue, [et] pendant que je l'écrivais, je reçus du Sign. Borelli un précieux cadeau, son savant livre *De Vi Percussionis ;* à cause de l'occupation que j'ai mentionnée, je ne pus l'étudier comme c'était mon intention. Or, j'avais déjà écrit à Bologne au Sign. Montanari (avec lequel je n'étais pas auparavant en étroite relation) quelque chose au sujet de la théorie de mes spirales, afin de le remercier de son présent.

che poi fù da me considerato nel mio primo Dialogo della facciata 29, e poi vn giorno accidentalmente vidi quel tanto, che mi diedi maestria di scriuere quanto hò scritto nel 2 dalla facciata 113. Questa è la pura verità, che duerà seruire à desimpressionare il Sig. Borelli, e à sodisfare alle sue merauigli, le quali il Sig. Conte può prencipiar a rappresentare. »

274. Geminiano Montanari, né le 1er juin 1633, à Modène ; il mourut le 13 octobre 1687, à Padoue. Docteur en philosophie, en droit et en médecine ; d'abord avocat à Florence, puis astronome du Grand Duc de Toscane et mathématicien du Grand Duc Alphonse IV de Modène, ensuite professeur de science à l'Université de Bologne, finalement professeur de mathématiques à l'Université de Padoue.

275. Cette théorie de Geminiano Montanari n'ayant aucun rapport avec le problème traité dans le présent mémoire, je n'en ai pas rendu compte.

Aussi ce dernier [Montanari], empêché par des maux d'yeux [de m'écrire lui-même], [me] fit écrire par son élève susmentionné que le savant Sign. Castelli lui avait dit que Sign. Borelli avait écrit quelque chose au sujet de ces spirales dans son livre précité ; et j'en fis alors l'examen dans mon premier Dialogue, à la page 29 ; puis un jour je remarquai incidemment les implications de sa théorie. Ce qui me suggéra d'écrire ce qui figure page 113 du second. Voilà la pure vérité...

Ainsi conclut le P. Stefano, dans la pieuse espérance que la vérité prévaudrait et dissiperait la pénible impression que pouvait avoir ressentie Borelli en se voyant attaqué par lui.

Nous pouvons maintenant passer à l'examen de la nouvelle théorie de Borelli. Comme d'habitude, c'est le Comte qui est chargé de l'exposer et c'est le mathématicien qui présente la critique [276] :

Le Comte. — Pour expliquer sa nouvelle conception, il [Borelli] nous rappelle une *propriété naturelle du mouvement circulaire* qui a la faculté d'éloigner les corps en mouvement de la circonférence sur laquelle ils se mouvaient d'abord, et de les faire mouvoir sur une ligne droite tangente au cercle au point de séparation chaque fois qu'il arrive que le corps en mouvement se détache de ladite circonférence, etc... Il dit alors que cela est communément reçu et évident.

Mais, répond Angeli [277] :

276. *Terze Considerazioni,* 31 : « *Cont.* Per esplicare questo suo nuouo pensamento, ricorda *quella natural proprietà del moto circolare,* che hà facultà d'estrudere, e allontanare i mobili dalla circonferenza, nella quale primo si moueuano per una linea retta, tangente il cerchio nel punto della separatione, qualunque volta accada, che il mobile si spicchi dalla detta circonferenza etc. Dice poi che questa cosa è communemente riceuuta come certa, e euidente. » (Cf. *supra,* p. 146)

277. *Ibid.,* 31 : « Matt. Questa dottrina non è altrimente communemente riceuuta, e in questa generalità è falsa. Li graui che giri ò sono girati per la circonferenza di vn circolo al centro del quale sijno portati dalla grauita propria ò nò. Quando girano nel primo modo, come accaderebbe nel moto della Terra, questa rotatione non hà virtù di estrudere. Lega il Sig. Borelli il Galileo nel Dialogo 2 del Sistema Cosmico nella pag. lat. 137 e vererlà con quanto euidenza dimostri questa verità. Le ruote che estrudono sono quelle al centro del quali l'estruso non è portato dalla propria grauità, e queste sono tutte le nostre ruote, eccettuata la Terra, poiche in quella vi è la pugna di moti verso diuerse parti, non in questa come benissimo dice il Keplero nel libr. 1 dell'Epitome dell'Astron. Coper. alla facciata 137, il qual combattimento caggiona quell'empito e estrusione. »

LE MATHÉMATICIEN. — Cette théorie n'est nullement acceptée communément et sous cette forme générale, elle est fausse. Considérons les corps graves qui tournent ou qu'on fait tourner sur la circonférence d'un cercle : ou bien ils tendent vers le centre en vertu de leur gravité propre, ou bien ils n'y tendent pas. Quand ils tournent de la première façon, comme cela se produirait dans le cas de la terre, cette rotation n'a pas la faculté de les expulser. Lisez, Sign. Galilée dans le Dialogue 2 du *Systema Cosmicum,* page 137 de l'édition latine, et voyez avec quelle évidence il démontre cette vérité. Les roues qui expulsent sont celles vers le centre desquelles le corps chassé ne tend pas par sa gravité propre : telles sont toutes nos roues, mais pas la terre ; parce que, pour elle, il y a lutte entre des mouvements vers diverses directions, ce qui n'a pas lieu pour les autres [pour les roues] comme l'a fort bien montré Kepler au premier livre de son Épitome de l'Astronomie copernicienne, page 137, où il combat les arguments de l'*impetus* et de l'expulsion.

Selon Angeli, Borelli sait cela fort bien, mais commet l'erreur de croire que, après que le corps grave est séparé de la roue qui le faisait tourner, l'*impetus* dudit corps dégénérera dans tous les cas en un *impetus* rectiligne, ce qui n'est aucunement le cas. La tendance du corps vers le centre de la terre, qui l'empêche d'être expulsé par la terre qui tourne, empêchera aussi l'*impetus* circulaire de dégénérer en un *impetus* rectiligne.

Il est curieux de constater que, tandis que le Père Stefano a compris la théorie « circulaire » de Borelli, il n'a manifestement pas été capable de saisir la signification de sa théorie rectiligne. Il semble croire [278] que la conception de Borelli implique un mouvement *effectif* de long de la tangente, c'est-à-dire [à cause de la vitesse du mouvement transversal de la tour qui est très grande en comparaison de la très grande lenteur du mouvement vers le bas lors du commencement de la chute] un retrait *effectif* de la pierre hors de la surface de la terre et sa projection vers le haut.

Zerilli [279] a donc tout à fait raison d'expliquer qu'il n'en est rien et que (bien qu'une vitesse suffisamment grande de la rotation de la terre pût produire une telle « expulsion »

278. *Ibid.,* 34.
279. Cf. *Confermazione,* 32 sq.

tout comme elle pourrait neutraliser complètement la force de la gravité) la vitesse effective est trop petite. Le mouvement sur la tangente n'est donc que virtuel ; on doit néanmoins le traiter comme réel, tout comme le mouvement vers le bas dû à l'*impetus* gravitationnel du corps.

Le Père Stefano proteste aussi contre l'artifice de Borelli supposant le corps en mouvement dépourvu de gravité. N'est-ce pas un fait d'expérience commune, qu'on peut lancer une pierre bien plus loin qu'un morceau de bouchon ? Si le corps en question était complètement dépourvu de gravité, il ne pourrait recevoir aucun *impetus* et ne pourrait donc aucunement se mouvoir [280].

Zerilli a une fois de plus raison de répondre : (*a*) qu'il n'est nullement vrai que le poids du corps facilite l'action d'un *impetus* donné, car un corps très lourd est très difficile ou même impossible à mouvoir ; (*b*) qu'il est très aisé de priver pratiquement un corps de sa gravité : un corps qui se déplace sur la surface de la terre, à distance constante de son centre, un corps équilibré sur une balance, sont libérés de l'action de gravité ; (*c*) que l'opération proposée par Borelli est purement mentale [281].

La discussion entre Borelli et Angeli peut être considérée comme parfaitement vaine ; elle ne nous rapproche pas de la solution du problème de la trajectoire du corps qui tombe d'une haute tour sur une terre qui tourne. Mais elle est en même temps extrêmement révélatrice. Elle montre l'extrême difficulté d'accomplir le degré précis d'abstraction, à mi-chemin entre mathématiques et empirisme, qui constitue la structure particulière de pensée de la physique théorique moderne.

Stefano degli Angeli ne peut penser en physicien ; du moins ne le peut-il que rarement. Il ne peut — sous peine de devenir pur mathématicien — oublier qu'il a affaire à des corps naturels, qu'ils ont poids et volume, qu'ils sont attirés par la terre ou tendent vers son centre, qu'ils tombent à travers l'air, lequel résiste à leur mouvement. Les corps

280. Cf. *Terze Considerazioni,* 35 sq. ; cf. *supra,* n. 232. Stefano degli Angeli ne sait pas distinguer le *poids* d'un corps de sa *masse.*
281. *Confermazione,* 36.

(à moins d'être des corps purement mathématiques, auquel cas ils obéissent à des lois purement mathématiques et décrivent nécessairemnet une spirale renversée en descendant vers le centre) ne se meuvent pas dans le vide, mais *in hoc vero aere,* et ne peuvent par conséquent pas maintenir la vitesse de leur mouvement transversal [282] (argument dernier qui, de l'avis du Père Stefano, apporte une réfutation finale des conceptions de Borelli),

car la descente rapproche toujours davantage le corps grave du centre et le contraint à frapper les parties du milieu qui, se mouvant à une vitesse qui va en diminuant, s'opposent toujours davantage au mouvement circulaire du corps grave ; il s'ensuit que *per accidens* le mouvement du corps grave vers le bas entrave le mouvement circulaire. Il l'entrave *per accidens* parce que, à mesure que le [corps] s'approche davantage du centre auquel il tend toujours et de la même façon, il faut nécessairement, pour que cela soit possible, qu'il se meuve en cercle avec une lenteur qui grandisse de façon correspondante. Voilà ce que je pense, je ne peux concevoir la chose autrement. Ne concédant donc pas au Sign. Borelli son principe, je ne peux lui accorder les assertions qu'il fonde là-dessus. Je m'accorde avec lui sur la conclusion, à savoir que le corps grave sera toujours sur la perpendiculaire à l'horizon, néanmoins je crois qu'il y sera d'une façon plus rigoureuse que lui ne le pense. Je le crois non du fait de ses nouvelles raisons, mais à cause de raisons anciennes et rancies, mises en avant par d'autres que lui, de qui je les ai reçues.

282. *Terze Considerazioni,* 36 : « MATT. Ma perche la discesa auicina il graue sempre più, e più al centro, e lo constringe vrtare in parti del mezo mosse con minor, e minor velocità, e in consequenza più resistenti, a rintuzanti il moto circolare del graue, quindi ne segue che per accidente il moto del graue all'ingiù impedisca il moto circolare. Lo impedisca anco per accidente perche accostandolo sempre più, e più al centro, al quale questo sempre aspira, e anela rimirandolo constantemente, acciò questo possa fare bisogna si muoua in giro con tanta più tardità. Questo è il mio pensiero, nè meno io mi posso dar ad intendere altrimente. Non concedendo adunque al Sig. Borelli questo suo fondamento, non posso concedergli li altri suoi discorsi sopra esso fondati. Conuengo con lui nella conclusione, cio è che il graue cadente sempre sia nella perpendicolare all'Orizonte, anzi io credo che sia in essa più presisamente di quelle lo pone lui, mà non già per le sue nuoue ragioni, ma per le vecchie, e rancide assegnate prima da gli altri, e da me da essi riceunte ».

Abandonnons le Père Stefano degli Angeli [283], et tournons maintenant notre attention vers la réaffirmation et l' « élaboration » par Diego Zerilli de la doctrine de Borelli.

Zerilli commence par exposer une fois de plus la conception de Borelli. Ce faisant, et comme Angeli l'avait fait, il néglige provisoirement la nouvelle forme qu'en avait donnée l'auteur dans sa *Risposta*, c'est-à-dire le remplacement de l'*impetus* circulaire par un *impetus* rectiligne [284]. D'autre part, il substitue au raisonnement direct de Borelli un traitement quasi infinitésimal du mouvement de la pierre qui descend et insiste sur la nécessité de considérer le déroulement de son ou de ses mouvements, non pendant de longs intervalles de temps, comme la seconde, mais seulement pendant de très petits intervalles, comme le sixième ou même le dixième de seconde [285].

Cela, il le fait manifestement afin : (*a*) de « sauver » la continuité du mouvement « oblique », et (*b*) de préparer le lecteur aux conclusions infinitésimales curieuses (et fausses) de sa théorie propre. L'analyse qu'avait faite Angeli du mouvement vers le bas est une fois de plus rejetée [286] :

> On pourrait objecter que la composition de ces deux mouvements [287] peut aussi être conçue autrement, en supposant que le point A, [fig. 24], en tant qu'il est le point de départ de la descente AE, est transporté sur l'arc BA [au point B] d'où la boule serait amenée au point B par le mouvement de descente ; il s'ensuivrait que la boule n'abandonnerait pas le rayon AC transféré en BC. Mais, afin de montrer la faiblesse de cette présentation, supposons qu'elle soit vraie, c'est-à-dire qu'à la fin du premier temps la boule se trouve coïncider avec le point D du rayon AC transporté en BC ; regardons ce qui va en découler dans la suite. La boule, qui se trouve en D, doit comme précédemment accomplir là ses deux mouvements, c'est-à-dire transporter le point D, point de départ de la descente, sur la circonférence DG ; et, puisqu'on suppose que l'*impetus* transversal est

283. *Terze Consid.*, 42 : Ofreddi est découragé par la discussion.
284. Ce faisant, il suit l'exemple de Borelli lui-même, qui, comme nous l'avons vu (cf. *supra*, p. 136), commence sa *Risposta* en réaffirmant la théorie esquissée dans le *De Vi Percussionis*, et n'ajoute sa correction qu'après coup.
285. Cf. *Confermazione*, 25.
286. *Ibid.*, 25 sq.
287. Le mouvement de descente et le mouvement circulaire.

quasi le même qu'au commencement [288], elle aurait à traverser un arc DZ quasi égal à BQ [288], donc plus grand que DG ; donc la boule, tombant le long du rayon ZC, se trouvera au-delà du rayon AC (transporté en QC) de tout l'intervalle TP. La même

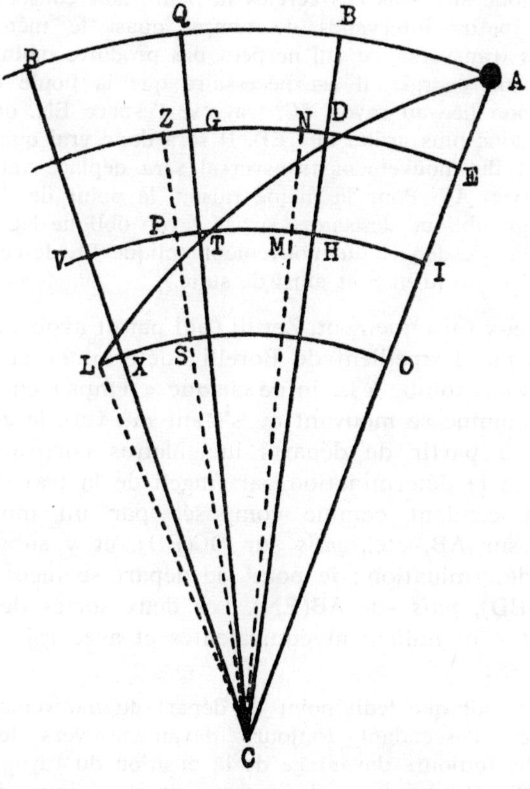

FIG. 24

chose se reproduira par la suite. Donc, en tout cas, dans cette composition de mouvements, la boule devra toujours précéder le rayon sur lequel elle commence son mouvement. Mais que le mouvement oblique ne puisse être raisonnablement composé par

288. *Quasi...* Zerilli a admis (cf. *supra*, p. 154) que la résistance de l'air alléguée par Angeli ralentira effectivement le mouvement, mais seulement très peu.

le mouvement transversal sur AB et le mouvement de descente sur BD[289], la chose semble [résulter] de façon convaincante du fait qu'en réalité la boule A ne se meut pas sur la circonférence AB, d'où elle part, mais se déplace transversalement sur d'autres cercles inférieurs et concentriques à AB, dont EN est l'un. Si donc sur tous ces cercles la boule doit conserver, dans tous les petits intervalles de temps, quasi le même degré d'*impetus* transverse, ce qui ne peut pas produire moins que ne requiert son énergie, il est nécessaire que la boule détachée, libre et non liée au rayon AC, traverse l'espace EN, quasi égal à AB et donc plus grand que ED. Il sera donc vrai que le point de départ du mouvement transversal sera déplacé vers le bas sur le rayon AC. Pour la même raison, le point de départ du mouvement oblique descendra sur le rayon oblique NC jusqu'en M, le point de départ du mouvement oblique PL descendra sur le rayon PC jusqu'en S et ainsi de suite.

Curieux raisonnement. Zerilli (qui paraît avoir été séduit et égaré par l'expédient de Borelli : déterminer la position du corps qui tombe à la fin de chaque « temps » en le représentant comme se mouvant ou s'étant mû vers le centre de la terre à partir de départs imaginaires correspondants) s'oppose à la détermination par Angeli de la trajectoire du corps descendant comme composée par un mouvement *d'abord* sur AB, etc., *puis* sur DC(BD), et y substitue sa propre détermination ; le point de départ se meut *d'abord* sur DC(BD), *puis* sur AB(EN). Les deux sortes de composition ne sont nullement équivalentes et avec raison Zerilli poursuit[290] :

Il s'ensuit que ledit point de départ du mouvement transversal, en descendant toujours davantage vers le centre, s'approche toujours davantage de la position du rayon à partir de laquelle il commence ledit mouvement oblique, de même que le point N, descendant vers M, s'approchera constamment du rayon AC, à mesure que la boule descend vers M, et cela se produit à cause de la convergence des rayons, dont la distance mutuelle diminue à l'approche du centre. De même le point de départ du mouvement transversal sera plus proche du rayon AC en S qu'en P, et ainsi de suite. De telle sorte que, à l'approche du centre C, ledit point de départ ne sera séparé du rayon que

289. Suivant le désir d'Angeli.
290. Cf. *Ibid.,* 28.

par moins de la largeur d'un doigt ou d'un cheveu, bien que la circonférence supérieure ABR qui lui correspond soit égale au quadrant du cercle de l'équateur terrestre.

Donc, en vertu de cette rétrogradation continuelle du point de départ de son mouvement transversal, le corps qui tombe, malgré son avance continuelle par rapport au rayon correspondant, s'en rapprocherait toujours davantage. Ainsi serait heureusement évité le danger révélé par Angeli, à savoir que le corps tourne autour du centre sans jamais l'atteindre.

Malheureusement, Zerilli ne voit pas que son ingénieuse modification de la théorie de Borelli n'est ni plus ni moins que le retournement de la conception d'Angeli et il poursuit fièrement [291] :

De tout cela il résulte des choses étonnantes, *premièrement* que le mouvement transversal véritable de la boule A, accompli sur des cercles parallèles à AB, sera toujours également rapide, traversera toujours des espaces égaux en des temps égaux, et que la somme de tous ces espaces sera égale à la circonférence du grand cercle ABR, c'est-à-dire égale à l'espace que traverserait la boule si elle restait au sommet du rayon AC, cela en raison de l'égalité de l'espace minimal EN à AB, de l'espace MP à QB, de l'espace SL à QR, et ainsi de suite pour les espaces très petits suivants. Il s'ensuit que tout le mouvement transversal que la boule A aura accompli sur le chemin oblique ANPL sera égal au mouvement AR, qu'il aurait accompli en restant au sommet A du rayon. Cependant, l'écart de la boule à partir du rayon AC, sur lequel elle se trouvait au commencement de son mouvement, sera bien plus petit que le mouvement du sommet A du rayon AC sur ABR, parce que MI est plus petit que NE ou que BA [292] et PM égal à QB [293], donc la distance PI à partir du rayon AC est plus petite que QA, et de même la distance LO devra être plus petite que AR. En outre, bien que pendant un bon moment ces distances aillent en augmentant — ainsi PI est plus petit que LO — elles diminueront cependant vers le centre, pour se

291. *Ibid.*, 28 sq.

292. MI et aussi NE sont composés d'un grand nombre d'arcs minimes, dont les points de départ sont décalés vers la droite.

293. Les *impetus* étant les mêmes, les arcs (ou leurs longueurs) seront égaux, cf. cependant p. 167 et n. 288.

réduire finalement à zéro[294] ; la raison de cette extravagance n'est pas que l'*impetus* et le mouvement transversal de ladite boule sur les arcs minimes EN, MP, SL, etc., diminue ou ralentisse constamment, mais que les distances des points de départ des mouvements transverses [au rayon] diminuent de plus en plus, et que ces points se rapprochent de plus en plus du rayon duquel part le mouvement, ce en vertu de la convergence des rayons.

Ayant ainsi réussi à réconcilier la théorie borellienne de la constance de l'*impetus* avec la nécessité de ramener le corps qui tombe sur le rayon-vecteur duquel il est parti, Zerilli conclut[295] :

Il ne me semble pas qu'on doive faire tant de bruit autour du fait que lesdits intervalles, PI, LO, etc., relativement au rayon AC seront diminués et raccourcis *per accidens,* car la boule ne sera pas mue sur lesdits espaces transverses IP et LO, mais sur les arcs transverses EN, MP, SL, etc., qui, comme il a été dit, se meuvent d'une vitesse uniforme avec le sommet A du rayon AC ; l'*impetus* (et le mouvement transversal vrai de la boule) ne sera donc pas du tout retardé. Nous pouvons donc concéder librement que les distances de la boule à partir du rayon AC, qui sont PI, LO, etc., diminuent constamment dans la mesure où elles approchent du centre ; il nous suffit que l'*impetus* (et le mouvement transversal) par lequel la boule se meut véritablement ne s'affaiblisse pas (ou seulement très légèrement) et que, par suite, ladite boule précède quelque peu le rayon sur lequel elle commence son mouvement et en même temps avec lequel il faut qu'elle tourne. Il en résulte, du fait de cette petite déviation, que la courbe ANPL se rapprochera finalement du centre, elle ne sera cependant pas une spirale, comme le voulait le P. Angeli. Il s'ensuit aussi qu'une pierre et d'autres objets qui tombent ne devront pas, dans l'hypothèse de la rotation autour du centre, accomplir autant de révolutions que le croyait le P. Angeli. Et je souligne que, lorsque Sign. Borelli a dit dans sa lettre que la boule qui tombe devrait,

294. Le corps en mouvement sera donc ramené sur le rayon et au centre de la terre.

295. *Ibid.*, 29 sq. Le corps qui tombe décrira donc une courbe qui fait une bosse en son milieu et est ensuite ramenée au centre de la terre. Néanmoins, et conformément au désir de Galilée, sa trajectoire sera égale au chemin qu'il aurait suivi, s'il n'était pas tombé du tout, mais était resté au sommet de la tour. Chose étonnante en vérité !

dans cette hypothèse, prendre sur le pied de la très haute tour transportée en BC une avance spatiale plus petite que la largeur d'un doigt, il l'a fait par pure courtoisie et pour concéder tous avantages à l'adversaire, mais que, en vérité, l'avance sera bien plus petite, pourvu que l'on admette la théorie examinée en dernier lieu.

XIII. — S. DEGLI ANGELI CONTRE ZERILLI

La situation « stratégique » dans laquelle se trouva Stefano degli Angeli après les *Confermazione* de Zerilli était étroitement parallèle à celle qui avait résulté de la publication de l'*Argomento* de Manfredi. Une fois de plus, c'était un disciple qui contre-attaquait au nom de son maître ; et, une fois de plus, le Père Stefano, qui était manifestement satisfait de l'occasion, pouvait traiter l'adversaire nouveau et inconnu sans les précautions requises pour un savant réputé et respecté comme Borelli, tout en laissant voir que c'était plutôt au maître qu'à l'élève qu'étaient destinés les coups.

« Zerilli ! Diego Zerilli ! »[296] Stefano degli Angeli ne cache pas ses doutes sur l'existence même d'un homme de ce nom, Ofreddi déclare donc[297] :

Le prénom est majestueux et respire je ne sais quel air de gravité ; le nom est fort capricieux, peut-être même mystérieux ; je ne sais si personne au monde porte ou a jamais porté un tel nom. Mais peu importe, puisque Signor D. Diego avoue avoir recueilli les théories qu'il expose de la bouche du savant Sign. Borelli, son maître ; en lui répondant, nous faisons raison

296. Cf. Stefano degli Angeli *Quarte Considerazioni,* 10. Ofreddi se livre à un jeu de mots : Zerilli est un diminutif de Zéro. « Ofreddi : è il suo cognome in certo mode diminutivo del Zero. » Dans les *Quarte Considerazioni,* S. degli Angeli, ou son imprimeur, orthographie : *Matematica* (avec un seul t) et *Ofredi* (avec un seul d).

297. *Ibid.*, 2 : « OFRED. Il nome e veramente maestoso, e spiro un non sò che di gravità, il cognome par mi molto capritioso, e forse anco misterioso. Non sò però se hora viua alcuno al mundo, ò sia mai vi sciuto, che così fosse, ò sia nominato. Ma questo poco importa, poiche confessando il Signor D. Diego che le dottrine, che adduce le ha rittrate della bocca del Dottissimo Signor Borelli suo maestro, rispondendo ad esse, sodisfaremo ad ambidue : imitande in cio quelli li quali scongiurano l'inspiritati, poichè parlando il Demonio per bocca di questi, battendo il scongiutante l'inspiritato, percuote questo, e tormenta il Demonio. »

aux deux hommes, imitant ainsi ceux qui exorcisent les possédés ; comme le Diable parle par leur bouche, l'exorciste, en battant les possédés, atteint aussi l'autre personnage et tourmente le Diable.

Pour ce qui est du Diable, c'est-à-dire Borelli en personne, le Père Stefano lui garde rancune. Il ne peut oublier que Borelli l'a accusé de plagiat. Il tient à établir que c'est Borelli et non lui qui a déclenché la polémique dans sa lettre à Michel Angelo Ricci et qu'il avait en outre de bonnes raisons de se croire attaqué, à la lecture du fameux passage du *De Vi Percussionis,* dans lequel Borelli critiquait la théorie de la chute en spirale[298]. « En effet », dit le Mathématicien[299],

A dire le vrai, quand je lus ce passage de Sign. Borelli, je pensai qu'il me visait ; car, quoique je n'eusse encore rien imprimé sur ce sujet, j'avais, quelques années auparavant, informé quelques-uns de mes amis (et peut-être Sign. Borelli lui-même, l'un des plus chers) que je connaissais la mesure géométrique de certains espaces infinis de spirales, dont l'un était l'espace qui serait délimité par la trajectoire de chute du corps grave, si la terre se mouvait seulement d'un mouvement diurne, et si [le corps grave tombait] dans le plan de l'équateur. Mais, dans la lettre adressée au très illustre et très savant Sign. Michel Angelo Ricci, il a désigné les modernes visés par ses critiques, et dit qu'il s'agissait de Sign. Fermat, qui avait il y a déjà quelque temps considéré cette ligne, comme le rapporte le P. Mersenne dans ses *Phenomena Ballistica.*

Pour ce qui est du contenu des remarques de Borelli

298. Cf. *supra,* p. 95. *Quarte Considerazioni,* 3.

299. *Quarte Considerazioni :* « MAT. Se deuo dir il vero, quando ho letto queste parole del Sig. Borelli, ho dubitato che parlasce meco ; poiche se bene non haueuo ancora stampato cosa alcuna in simil proposito, erano pero alcuni anni, che haueuo date parte al alcuni miei amici (e forse al Sig. Borelli medemo vno delli più cari) di hauer la misura geometrica di certi infiniti spatij spirali, vno delli quali sarebbe il contenuto dalla semita del graue cadente, quando la terra si mouesse con il solo moto diurno, e ciò nel plano dell'Equatore. Egli però nella lettera diretta all'illustrissimo, e Dottissimo Sig. Michel d'Angelo Ricci dichiara quali fossero questi moderni, contra li quali erano indirizzate questi parole, cio è il Sig. di Fermat, che hauena già un pezzo fà considerato questa linea, come riferisce il P. Mersenno nelli suoi Fenomeni Balistici. Il che per hora si osserui. » Cf. *supra,* p. 136.

dans le *De Vi Percussionis* — et plus tard — le Père Stefano ne peut que répéter ce qu'il avait déjà développé dans ses *Considerazioni.* Ce ne sont pas les « modernes », critiqués par Borelli, qui « s'écartent de leurs hypothèses » ; c'est Borelli qui les comprend de travers. Ils admettent en effet que le corps grave se mouvra le long du rayon. Borelli croit au contraire que son *impetus* circulaire sera conservé et qu'il prendra de l'avance sur le rayon, théorie contraire à la fois à la saine raison et à l'observation [300].

Zerilli objecte, il est vrai, qu'on ne peut se borner à opposer à la conception de Borelli des raisons tirées de l'expérience. C'est une théorie mathématique rigoureuse, qu'on doit traiter comme telle. *Ad sensum,* la trajectoire décrite par le corps qui tombe au cours des quatre premières secondes de son mouvement — et nos expériences ne s'étendent pas plus loin — ne serait pas susceptible d'être distinguée de la verticale, car la distance entre ces deux lignes serait trop petite pour pouvoir être observée [301]. Absurdité, réplique le Père Stefano. En fait, *ad sensum* il n'y a rien à observer. Si la terre se mouvait, nous le ferions en même temps qu'elle et, le mouvement transversal (commun à la tour, au corps qui tombe et à nous-mêmes) serait comme s'il n'était point. D'autre part, il est vrai que des objets purement mathématiques ne sont et ne peuvent être réalisés dans le monde physique. Mais c'est précisément là ce qu'oublie Borelli, quand il nous dit quelque chose qui paraît avoir échappé à Zerilli, à savoir que l'*impetus* circulaire sera conservé dans le cas d'une chute *réelle* [302]. De plus, Zerilli se contredit. Dans ses *Terze Considerazioni* Angeli avait affirmé que le mouvement transversal du corps qui tombe sera retardé par la résistance de l'air. Mais Zerilli a objecté que cela ne suffit pas et que ce qui est requis, c'est non point une retardation en général, mais une cause retardatrice agissant *avec une précision mathématique* [303].

Mais laissons pour le moment de côté Zerilli et la discussion sur ce qui se passerait, sur ce qui serait ou ne

300. *Ibid.,* 4.
301. *Ibid.,* 6 sq.
302. *Ibid.,* 8, 13.
303. *Ibid.,* 16 ; cf. *supra,* p. 154.

serait pas observé si la terre se mouvait. Entre parenthèses, tous les interlocuteurs, Stefano degli Angeli aussi bien que Borelli et Zerilli, sont manifestement convaincus du mouvement de la terre. Revenons à l'opposition fondamentale entre Borelli et Angeli — le premier affirmant que l'*impetus* se conserve durant la chute, et le second, au contraire, qu'il « s'éteindra » [304] — et aux expériences alléguées par Borelli pour preuve de sa thèse.

Nous avons vu [305] que le Père Stefano, en rapportant ces expériences, exprimait des doutes sur le point de savoir si elles avaient été réellement réalisées. Maintenant, il a la preuve qu'elles n'ont pas été faites et même n'auraient pas pu l'être. En exprimant ses doutes, il avait bien affirmé que la question était sans importance ; même *si* les expériences étaient *vraies*, elles ne prouveraient rien. Il est néanmoins manifeste qu'il éprouve un grand plaisir à pouvoir démontrer que les expériences de Borelli n'ont pas été seulement « erronées » mais qu'elles n'ont même pas eu lieu. Quel dommage, dit Ofreddi, de n'avoir pas parié ! Il aurait gagné [306].

Le Père Stefano avoue que son nouvel ami Montanari [308] l'a aidé à démontrer que Borelli a substitué des expériences imaginaires à des expériences effectives [307].

LE MATHÉMATICIEN. — Le très savant Sign. Geminiano Montanari, mathématicien de l'Université de Bologne, après avoir lu

304. *Ibid.*, 12, 15.
305. Cf. *supra*, p. 157.
306. *Ibid.*, 15.
307. Comme nous le savons, le cas est fréquent au XVIIe siècle, et même plus tard.
308. *Ibid.*, 15 : « MAT. Il Dottissimo Sig. Geminiano Montanari Matematico nello studio de Bologna hauendo letto queste nostre controversie mi scrisse una lettera molto modesta, nella quali mi diceua dubitare che l'esperienza dal Sig. Borelli fosse vn'-euidente paralogismo, ma che stimana tanto il suo valore, che non osaua affirmarlo, e che mi pregaua del mio parere. Il sbaglio che credeua nel Sig. Borelli era, che essendo BA, BG, doi pendoli, le lunghezze di questi sono in reciproca proportione delli quadrati delle loro vibrationi, cio e del numero. Hora essendo AB, quadrupla della BG, nel tempo che BA, descriue una circonferenza, BG ne deue descriver due, e non quatro come pare hauer esperimentato il Sig. Borelli. » Signor Montanari se trompe légèrement : les lois qui gouvernent le mouvement du pendule perpendiculaire et celles du pendule circulaire ne sont pas identiques. Mais cela n'a pas d'incidence sur ses objections aux « expériences » de Borelli.

nos controverses, m'a adressé une lettre fort modeste, dans laquelle il me disait qu'à son avis l'expérience du Sign. Borelli était un évident paralogisme [309], mais qu'il avait tant d'estime pour son génie qu'il n'osait pas l'affirmer : il me demandait mon opinion. L'erreur qu'il voyait chez Sign. Borelli était la suivante : BA, BG [fig. 20] étant deux pendules, leurs longueurs sont nécessairement en proportion inverse du carré du nombre de leurs vibrations. Si donc AB est quatre fois BG, BG doit, dans le temps pendant lequel BA décrit une circonférence, en décrire deux, et non quatre comme Sign. Borelli semble en avoir fait l'expérience.

Quand je vins à Padoue en octobre dernier [continue le Père Stefano] [310], la même objection me fut faite par le savant Sign. Carlo Rinaldini [311], alors philosophe le plus considérable de cette Université. En fait, quand nous en sommes venus à l'expérience, nous avons vu manifestement que les pendules BA, BG, mus horizontalement, ont les mêmes périodes et sont sujets aux mêmes lois pendulaires que s'ils étaient mus dans le plan vertical ; cela suffisait à nous faire reconnaître l'erreur du Sign. Borelli et la justesse de la conjecture de Sign. Ofreddi, selon laquelle il [Borelli] avait fait état d'une expérience qu'il n'avait pas faite.

309. L'expression employée par Montanari est caractéristique : il traite l'expérience en exercice logique.

310. *Ibid.*, 15 : « Venuto à Padoua l'Ottobre passato mi fù fatta la medema obiettione dal Dottissimo Sig. Carlo Rinaldini hora filosofo Primario in questo studio. E venendosi all' esperienza, vedesimo manifestamente li pendoli BA, BG mossi Orizontalemente hauer li medemi periodi, e soggicere alle medeme leggi di pendoli come se fossero mossi in piani verticali : onde conobi manifestamento lo sbaglio del Sig. Borelli, e che il Sig. Ofredi haueua indouinato, che hauena addotto vn esperienza da esso non fatta. » Stefano degli Angeli, nous l'avons vu, commet la même faute que Geminiano Montanari.

311. Carlo Rinaldini, descendant d'une vieille famille de Sienne, naquit à Ancone en 1616. Il étudia les mathématiques, la philosophie et la théologie, il fut nommé par Urbain VIII « super-intendant de la milice » des armées pontificales; Innocent X le chargea de construire des fortifications dans la région de Ferrare. En 1649, il devint premier lecteur de philosophie à l'Université de Pise, de 1663 à 1667 il enseigna la philosophie à Côme III (de Médicis) et passa en 1667 à Padoue comme professeur de philosophie à l'Université. Membre et même plusieurs fois Président de l'Accademia del Cimento, Carlo Rinaldini acquit une haute réputation auprès de ses contemporains (Montanari, Borelli, Viviani, Magalotti, Boulliaud, etc...). Sur Rinaldini, cf. Charles Patin, *Lyceum Patavinum,* 52 sq., Palavii, 1682.

Ayant ainsi rendu à tout seigneur tout honneur, Stefano degli Angeli passe à l'analyse des expériences de Borelli[312] :

Le Mathématicien. — Notons, Messieurs, deux observations : la première, que, lorsque nous conférions un *impetus* à la boule A, elle ne décrivait pas une circonférence de cercle, mais plutôt des ellipses, toutes (les grandes et les petites) dans le même temps[313]. La seconde, que, lorsque nous poussions la boule dans la position G, [cette boule], décrivant son cercle ou son ellipse, ne se maintenait pas sur le cône BAE, mais augmentait sa circonférence, chose dont Sign. Borelli aurait tenu compte, s'il avait fait cette expérience, car elle montre clairement que si la balle conserve une bonne partie de l'*impetus* qu'elle avait en A, en conformité avec la proportion du pendule, elle doit décrire dans la position G deux cercles dans le temps qu'elle mettait à décrire le cercle ADEA, et, comme sa vitesse ou son *impetus* est plus grand qu'il ne faut pour décrire deux circonférences, GF, elle va au-delà de la ligne BA et exécute des révolutions de plus grand rayon.

Malgré ses erreurs sur le pendule circulaire, le Père Stefano a parfaitement raison. Pour une même vitesse linéaire, la force centrifuge est inversement proportionnelle au rayon du mouvement circulaire. Elle sera donc quatre fois plus grande pour le petit cercle GF que pour le grand ; c'est

312. *Ibid.*, 17 : « Mat. E notino loro Signori due cose che habbiamo osservato. La prima che secondo conferimo l'empito alla palla A, questa non descriueua circonferenza di circolo, ma più tosto ellisse, tutto pero grandi, o piccole in tempi eguali. La seconda è, che quando tiranimo la palla nel sito G, descriuendo il suo circolo, o ellisse non si conseruaua nel medesimo Cono BAE, ma ampliaua più la sua circonferenza. Cosa che sarebbe stata molto gradita dae Sig. Borelli quando fosse stata da esso esperimentata, perche si vede manifestamente che trattiene buona parte del empito, che haueua in A ; perche douendo per ragion del pendolo nel medesimo tempo che descriueua l'ADEA, descriuere due nel sito G, essendo la velocità, o empito maggiore di quello, che è necessario à descriuer le due circonferenze GF, s'allarga dalla linea BA, e fà più ampij li giri. »

313. La découverte que le pendule circulaire décrira des ellipses aussi bien que des cercles avait été faite par Robert Hooke dès 1666. Il n'est pas impossible que le Père Stefano ait été informé des expériences de Hooke à la Royal Society. En tout cas, l'erreur qui consiste à attribuer l'isochronisme au pendule circulaire est entièrement le fait de Stefano degli Angeli : elle résulte probablement de sa croyance — erronée — à l'isochronisme du pendule perpendiculaire et de l'identification — également erronée — des lois du pendule circulaire et du pendule perpendiculaire.

pourquoi la boule du pendule ne demeurera pas sur la surface conique précédemment décrite par son fil [BA], mais augmentera sa distance à la perpendiculaire.

De combien s'éloignera-t-elle ? Stefano degli Angeli ne le sait pas exactement [314]. En tout cas elle n'atteindra pas la distance que la théorie pure indiquerait. Il faut compter avec les conditions réelles de l'expérience. Il conclut donc [315] :

LE MATHÉMATICIEN. — Qu'elle s'éloigne de BA au point que les deux circonférences deviennent égales à ADEA et à quatre fois GF, je ne le crois pas. En effet, la traction vers le bas, la résistance de l'air et d'autres causes doivent diminuer progressivement la vitesse qu'elle avait en A sur E [316].

Le cas de la boule se déplaçant à différents niveaux du cône renversé est manifestement tout à fait semblable à celui du pendule. L'expérience décrite par Borelli est impossible. La boule ne demeurerait pas au niveau inférieur, à décrire un cercle plus petit. Si elle n'est pas ralentie, mais conserve (comme Borelli le soutient) son *impetus* (vitesse linéaire), elle reviendra à sa première position. Cependant, chose étrange, le Père Stefano ne critique pas cette seconde « expérience » de Borelli, bien qu'il l'eût auparavant déclarée, dans les *Terze Considerazioni,* encore plus douteuse que l'expérience pendulaire. Il la passe sous silence.

Je dois m'avouer incapable d'expliquer ce silence. Il est difficile de penser que l'analogie entre les deux cas ait pu échapper au Père Stefano. Il est tout aussi impossible de croire qu'il aurait négligé l'occasion de faire ressortir l'erreur de l' « ami » qu'il disait tant révérer.

Revenons à Zerilli. Le Père Stefano lui reproche de

314. C'est là une question difficile, qui implique la connaissance de la loi des forces centrifuges, connaissance que personne n'avait à l'époque, sauf Huygens et Newton, et aucun des deux hommes n'avait publié ses découvertes ; cf. mon mémoire : An unpublished letter of Robert Hooke to Isaac Newton, *Isis,* 1952, traduit dans *Études Newtoniennes,* Paris, 1968, Gallimard.

315. *Ibid.,* 17 : « MAT. Se poi s'allarghi tanto che le doi circonferenze sijno eguali alla ADEA, e quadruple dalla GF, io non lo credo, mentre il tiramento all'insu, l'impedimento dell'aria, e altre cose deuono più, e più debilitare la velocità che haueua in A ouero E. »

316. Stefano degli Angeli a raison : le rayon du pendule circulaire sera deux fois GF.

déformer ses vues à lui, Angeli, et en particulier de ne pas comprendre que le problème en discussion n'est pas un problème abstrait, cinématique, mais concerne des corps réels qui tombent sur une terre réelle. Il dit donc[317] :

Le Mathématicien. — Je ne sais si je dois tenir Sign. Diego pour aveugle ou pour malveillant, car il cite ma page 18 au lieu de ma page 17,

là où le Père Stefano tentait d'expliquer l'aspect de mécanique physique du phénomène. En effet, poursuit le Mathématicien,

lorsque je démontrai la proposition, suivant laquelle le corps grave se maintiendra sur la même ligne physique perpendiculaire, j'assignai à cette persévérance la raison suivante : « Il est évident physiquement que la masse de la terre est sphérique ; et la

317. Cf. *Quarte Considerazioni,* 19 sq. : « Mat. Io non sò se debba giudicare il Sig. Diego per cieco, ò malitoso, mentre recita le mie parole registrate a carte 18 e non quelle contenute alla faccia 17. Dimostrandone il senso che il graue cadente viene trottenuto nel medesima linea physica perpendicolare, di questo trattenimento, o conservatione n'assegno questa cagione. " Che la mole terraquea sia sferica fisicamente è manifesto ; e si assegna communemente per più valida cagione, che tutti li corpi, che la compongono desiderano vna intima vnione fra se, la qual conseguiscono nel miglior modo che possono, componendo vn corpo di figura, per cosi dire, più vna di tutte le altre, quale è la sferica. Dà cio ne segue, che tutti anelino, et aspirino al centro delle cose graui, con il quale hanno un tal rispetto. Quindi pure ne segue che collocate in vn sito di questo gran corpo sferico non si lascino cacciar da quello che con violenza, ma se se gl'apre l'addito di potersegli più accostare, subito precipitino verso quello. Da questo parimente ne segue, che per ipotesi girata la terra circa il proprio centro, le parti ad ella contigue, e anelanti all unione con il centro con quella virtù, che noi chiamiamo grauità, girino parimente con essa, rimirando constantemente da quella parte che sono il centro per la via più breve, che è quella linea, che conjunge il graue e il centro. " Et esemplificando nello schema del Sig. Borelli soggiungo le parole sopradette alla facciata 18 (staccato il grave etc.). Hora Sig. Zerilli mio, che il graue cadente habbia vna velocità, che lo mantenga nel medesimo semidiametro, ma perche tutti li corpi, che compongono la mole terraquea desiderano vna intima frà se. Questa è l'originaria causa di tutti li effeti, che sopra ho recitati, buona poi, o cattiua che sia. Il graue cadente è conseruato nel medemo semidiametro fisico, perche le parti componenti la terra desiderano vn' intima vnione per la via più breve mediante quella virtù, che noi non sapendo cosa sia, la chiamiamo grauità. La qual causa anco // quando non fosse buona, non per questo il mio discorso *petit principium* et prova una cosa per se stessa, ma solo addurebbe une causa insufficiente, o falsa. »

preuve qui en est le plus communément donnée est que tous les corps qui la composent désirent une intime union [entre eux], qu'ils poursuivent du mieux qu'ils peuvent, en composant un corps d'une forme qui soit pour ainsi dire plus *une* que toute autre. Il s'ensuit que tous [les corps] tendent et aspirent au centre des objets graves avec lesquels ils ont cette relation. Ce d'où il découle que, placés en un certain lieu de ce grand corps sphérique, ils ne s'en laisseront pas séparer, sauf par la violence, et que, s'ils ont plus tard la possibilité de s'en rapprocher, ils se précipiteront immédiatement vers lui. Il s'ensuit aussi que si, par hypothèse la terre tournait autour de son centre propre, les parties qui y sont contiguës et tendent vers ce centre avec cette propriété que nous appelons gravité, tourneront en même temps qu'elle [la terre], en tendant constamment vers le centre et s'efforçant de l'atteindre à partir de leur lieu (quel qu'il soit) par le chemin le plus court, c'est-à-dire par la ligne qui joint le corps grave au centre. » Puis, prenant comme exemple la disposition étudiée par le Sign. Borelli, j'ajoutai les phrases ci-dessus mentionnées de la page 18 : si le corps grave était séparé, etc... [318]

Ainsi, cher Sign. Borelli, il y a une raison pour que le corps grave qui tombe ait une vitesse qui le maintienne sur le même rayon ; cela aura lieu parce que tous les corps qui composent la masse de la terre désirent une union intime. Là est la cause de tous les effets, bons ou fâcheux, que j'ai décrits ci-dessus. Le corps grave qui tombe se maintient sur le même rayon physique, parce que les parties qui composent la terre désirent une union intime par le chemin le plus court, [poussés qu'ils sont] par cette propriété que nous, qui en ignorons la nature, appelons gravité. Donc, même si cette cause n'était pas la bonne, mon exposé ne serait pas une pétition de principe, qui prouve une chose au moyen d'elle-même ; j'aurais seulement indiqué une cause insuffisante ou fausse [319].

Les conceptions de Zerilli — et, bien sûr, de Borelli — sont basées, nous l'avons vu [320], sur l'idée galiléenne d'indifférence des corps à l'égard du mouvement et du repos. Il en résulte qu'un corps, une fois mis en mouvement, conserve son *impetus* et ne le *dépense* pas dans la production d'une translation horizontale. De plus, le corps soumis à un mouvement circulaire (sur une terre en rotation) acquiert par

318. Cf. *supra,* p. 155.
319. Cf. *supra,* p. 156.
320. Cf. *supra,* p. 146.

ce mouvement un *impetus* rectiligne et l'acquiert dans tous les cas, même si, en fait, il n'est pas projeté (« expulsé ») par la force centrifuge et ne se sépare pas de son support, comme dans le cas de la chute libre, l'*impetus* horizontal se révélera par l'exercice d'une influence sur la trajectoire décrite par le corps.

C'est ce que nie, bien entendu, Angeli [321] :

Le Mathématicien. — [Si] le corps grave [est] libéré, [et] que l'excès d'impetus surmonte la tendance du corps grave à l'union avec le point E, sans aucun doute le corps grave se séparera de la perpendiculaire AE ; mais, comme il ne la surmonte pas (de même que l'excès de vitesse d'un point plus élevé ne surmonte pas la vitesse d'un point situé immédiatement en dessous), il s'ensuit que le corps grave descend sur la perpendiculaire AE.

La conception de Borelli est exposée une fois de plus [322] :

Le Comte. — Sign. Zerilli dira que ces théories sont avancées : il ajoute en effet que le corps grave « restera dans le lieu de ladite surface sphérique où il aura été transporté, quel qu'il puisse être, parce qu'ils sont également distants du centre de la terre. Et, pour cette raison, un morceau de bois qui flotte et une boule de cristal roulant sur une surface horizontale se montrent indifférents, n'offrent aucune résistance au mouvement transversal, et peuvent être transportés par la force la plus minime, parce que cela n'a aucune importance pour eux de se trouver ici plutôt que là, étant donné que la distance au centre de la terre est la même que dans leur position première.

321. *Quarte Considerazioni*, 21 : « Mat. : ...Lasciato il graue A, in sua libertà se l'eccesso dell'empito A, superasse l'appetenza dell'unione dell graue con il punto E non vi ha dubio che stacherebbe il graue dalla perpendicolare AE ; ma non la superando, si come non supera l'eccesso di velocità d'alcun punto superiore la velocità del suo punto inferiore immediatemente, guindi ne segue che il graue discenda per la medesima perpendicolare AE. »

322. *Ibid.*, 31 sq. : « Cont. Dirà il Sig. Zerilli queste dottrine sono *gratis asserite*, mentre egli soggiunge che il graue " stara volontieri in qualcunque luogo della (della) superficie sia trasportato purche sia egualmente remoto dal centro terrestre. E per questa cagione il legno gallegiante, ed una palla di cristallo intorna la superficie Orizontale spianata si vede esser indifferente, e non hauer resistenza nessuna al moto trasversale potendosi da ogni minima forza trasportare non importando gli punto star più in vn luogo, che in vn altro perche non si scosti più di primo del centro della terra. " »

Il semblerait qu'il n'y ait rien à objecter au raisonnement de Zerilli. Et pourtant [323] :

LE MATHÉMATICIEN. — Je ne donne pas ces [mes] théories pour plus qu'elles ne valent. Elles me paraissent cependant raisonnables, car elles nous permettent d'expliquer un phénomène réellement observé, à savoir que le corps grave se meut le long d'une ligne physique perpendiculaire à l'horizon, quelle que soit l'altitude à laquelle le mouvement commence, que la terre se meuve ou soit, comme c'est la vérité, immobile. Je crois certain que le corps grave demeurera volontairement au lieu où il serait transporté, quel que soit ce lieu, parce que la distance au centre de la terre sera la même. Je crois néanmoins que, lorsqu'il est en un lieu, il aura une certaine répugnance à être transporté ailleurs, et donc qu'il faudra une force proportionnelle à son importance pour le transporter. Et, contrairement à Sign. Zerilli, je ne vois pas qu'un morceau de bois qui flotte et une boule de cristal dans le plan horizontal soient indifférents et sans répugnance à être transportés, de telle façon qu'il suffise d'une force minimale pour les mouvoir transversalement, parce qu'ils resteraient à la même distance du centre. Je pense plutôt que, lorsqu'un corps grave est au repos, il faut une force considérable pour l'enlever d'un lieu.

Pauvre Père Stefano ! Il a manifestement raison : pour déplacer un important corps pesant, il faut réellement une force considérable. Nous ne devons pas le blâmer exagérément de ne pas comprendre comment réconcilier les données empiriques avec le principe galiléen de l'inertie et de recom-

323. *Ibid.*, 22 : « MAT. Io non vendo queste dottrine per più di quello che vagliono. Mi paiono pero ragionevoli, mentre procurano render ragione di un fenomeno, che realmente appare, cio è che il graue si muoue per la linea fisica perpendicolar all' Orizonte da qual si voglia altera principij il moto, si muoua ò sia immobile come è realmente la terra. Io credo di certo che il graue starà volontieri in qual si sia luogo della superficie terrestre, nel quale sia trasportato, purche sia egualmente distante dal centro. Ma quando e in vn luogo, ad esser trasportato nell'altro credo che vi habbia qualque repugnanza ; che percio a transportarlo vi voglio vna forza proportionata alla sua corpulenza. Ne io uedo quello, che vede il Sig. Zerilli, cio è che il legno gallegiante, ed vna palla di cristallo intorne l'Orizontal spinata sia indifferente, e non habbia repugnanza alcuna, si che ogni minima forza sia sufficiente a muouer la trasuersalmente, purche stia sempre egualmente lontanata dal centro ; ma stimo più tosto, che quando il graue è in quiete, à rimouerlo da quel luogo vi voglia vna forza considerabile. »

mander, au moins à titre d'essai, de revenir aux conceptions de Kepler[324] :

Le Comte. — Vous touchez à une théorie que j'ai considérée dans mon imagination plusieurs fois. J'ai vu des philosophes sérieux, que je révère au plus profond de mon cœur, dire que le corps grave est complètement indifférent à ce mouvement circulaire à égale distance du centre. En fait, j'ai toujours eu des doutes sur cette théorie, parce qu'il me semblait que, étant chose corporelle, un corps doit avoir une certaine inertie relativement au mouvement local et qu'il faut une force pour le mouvoir, même si l'empêchement de la résistance du mouvement était levé ; et que le pur fait de son caractère corporel est la raison de cette difficulté à être mis en mouvement. Il me semble donc que, bien que l'ensemble du globe terrestre en tant que tel ne soit pas grave, et que la gravité ne soit le fait que de ses parties, il faudrait néanmoins pour le mouvoir de lieu en lieu une force considérable et importante par comparaison avec celles qui, autour de nous, transportent les corps graves de lieu en lieu. Il me semble donc que, pour faire mouvoir les grands corps que sont les planètes, il faudrait une force considérable, même si l'éther était beaucoup moins résistant qu'il ne l'est, parce que, après tout, elles [les planètes] sont des corps[325].

324. *Ibid.*, 22 sq. : « Cont. V. S. tocca vna dottrina, che più volte mi è passata per la fantasia. Ho veduto grauissimi filosofi, li quali reverisco con il più intime del mio cuore, dire che il graue sia indifferentissimo à questo moto circolare egualemente remoto dal centro. Io realmente ho sempre hauuto qualche dubio sopra questa dottrina, mentre parmi, che l'esser vna cosa corporeale sia vna certa inertia al moto locale, si che non possa esser mossa che con qualche forza, leuati anco li impedimenti della resistenza del mezo ; e cosi che il solo esser corporeo sia cagione di questa difficolta ad esser mosso. E cosi mi pare che se bene tutto il globo terrestre come tale non fosse graue, e che la grauità sia delle sole parti ; nulla dimeno à muoverlo da luogo à luogo sia necessaria forza considerabile, e grande; grande dico paragonata à quelle forze, che appresso noi trasportano li graui da luogo à luogo. Cosi parmi che à far muouer li gran corpi delli pianeti si richieda qualche forze considerabile, anco quando l'etere fosse molto più cedente di quello che è, perche alla fine questi sono corpi. La ragione poi del mio dubitare è, perche à me mai é piaciura la dottrina d'Aristotile, che il moto nel vacuo fosse instantaneo, ma più tosto stimo che non potesse esser fatto che in tempo. E se questo hà punto del ragioneuole dico cosi. Se il graue cadente naturalmente al centro per il vacuo, cioè condotto dalla forza della sua grauità, non puo passare vn spatio che in tempo, perche vorremo dire che un corpo possa esser trasportato al un luogo al quale non ha inclinazione ma solo indifferenza se non da forza proportionata ? »

325. Suivant Zerilli — et Borelli — un corps n'oppose au mouvement aucune résistance.

La raison pour laquelle je le pense est que je n'aime guère la théorie d'Aristote, selon laquelle le mouvement dans le vide est instantané ; je crois plutôt qu'il ne peut être accompli que moyennant du temps. Et si cela est raisonnable, je dirai : Si un corps grave tombant naturellement vers le centre à travers le vide, c'est-à-dire conduit par la force de sa gravité, ne peut traverser un espace que moyennant du temps, pourquoi ne dirions-nous pas qu'un corps ne peut être transporté en un lieu pour lequel il n'a aucune inclination, mais seulement de l'indifférence, sinon par une force qui soit en proportion ? La force minimale [326], je ne la comprends pas ; il me semble plutôt qu'il faut une force telle qu'aucune force plus petite ne soit pas suffisante.

La conception développée par Angeli explique très bien pourquoi le corps qui tombe demeure sur le rayon qui le joint au centre de la terre. L'*impetus* allégué par Zerilli — et Borelli — ne peut écarter le corps de ce rayon ; il est trop faible. Mais, même s'il ne l'était pas, les objections de Zerilli seraient sans valeur, car, selon lui, l'*impetus* en question est non circulaire, mais rectiligne et, si la terre tournait, il mouvrait le corps qui tombe, non sur une circonférence, autour du centre, mais sur une tangente, c'est-à-dire qu'il l'en éloignerait [327].

Les objections de Zerilli contre les conclusions tirées par Stefano degli Angeli de la théorie de Borelli, à savoir que le corps qui tombe devra accomplir un nombre infini de révolutions avant d'arriver au centre et sera donc dans l'incapacité de jamais l'atteindre [328] sont tout aussi futiles que le reste de son pamphlet. Pour ce qui est de sa tentative de ridiculiser le Père Stefano [329] :

326. Suivant Zerilli, Borelli et Galilée, la force la plus faible mouvra le corps le plus considérable.

327. *Ibid.*, p. 25.

328. *Ibid.*, p. 27.

329. *Quarte Considerazioni*, 29 sq. : « CONT. Il Sig. Zerilli reputa per favole queste sue dottrine e questo giramento infinito intorno al centro ; e prima d'esplicare la vanità pretesa delli suoi asserti alla facciata 24 dice queste parole : " Ne meno se gl'oppone quanto sia assurdo che vna circonferenza di cerchio per esser vicina al centro debber esse infinitamente minore d'un arco del cerchio estremo della ruota. Essendo noto che due quantità terminate del medemo genere hanno proportion finita. E voglio contre l'espresso significato delle parole interpretarlo in buon senso. "

» MAT. Io resto molto obligato alla cortesia del Sig. Zerilli, che

Le Comte. — Sign. Zerilli prend pour des fables ses déductions [d'Angelli] et cette rotation indéfinie autour du centre ; et, avant d'expliquer la prétendue fausseté de ses affirmations de la page 24, il dit : « Il est aussi contradictoire qu'absurde qu'une circonférence de cercle doive, parce qu'elle est adjacente au centre, être infiniment plus petite que l'arc du cercle le plus extérieur de la roue. On sait, en effet, que le rapport de deux quantités déterminées de même espèce est fini. Je veux néanmoins donner aux mots, contre leur sens exact, une interprétation acceptable ».

Le Mathématicien. — Je suis très obligé au Sign. Zerilli de la courtoisie avec laquelle il me pardonne cette erreur. Pourtant je croyais parler à un géomètre accompli, tel que Sign. Borelli, qui sait qu'il serait pédant de rejeter la façon commune de parler, dans laquelle on emploie l'infini pour l'indéfini. Mais qu'a donc Sign. Ofreddi pour rire de si bon cœur ?

Ofreddi. — Je ris, parce que je me rappelle l'élégante manière dont Galilée répond à une remarque analogue. Dans sa *Libra Astronomica,* Lotario Sarsi avait reproché à Galilée une façon semblable de parler ; ce à quoi il répondit seulement dans le *Saggiatore* qu'il s'en tenait au mot du sage, selon qui *stultorum infinitus est numerus,* quoiqu'il sache que tous les hommes sont et seront en nombre fini et limité.

Cette erreur de terminologie ou cette légèreté, une fois corrigée — aux dépens de Zerilli — Angeli fait répéter par le Comte son raisonnement tel que présenté dans les *Terze Considerazioni* [330], et lui fait donner par le Mathématicien une nouvelle formulation, déclarant que le corps n'arrivera jamais au centre parce qu'il lui faudra accomplir un nombre *quasi* infini de révolutions [331].

Répétition d'arguments anciens, réaffirmation de ses

mi condonna questo errore. Io però mi credeuo di parlare con vn geometra Capomastro, quale è il Sig. Borelli, che sò che si sarebbe vergognato à notare la frase ordinaria di parlare che assume l'infinita per l'indefinito. Mà cosa hà Sig. Ofredi che ride cosi saporosomente. Ofr. Rido, perche mi arrecordo di vn modo molto galante adoptato dal Galileo per leuarsi simil nota. Lotario Sarsi nella sua Libra Astronomica riprese il Galileo di simil modo di parlare ; al quale altro non propone nel Saggiatore, se non che esso saluasse il detto del sauio, che *stultorum infinitus est numerus,* essendo certo che tutti li huomini che sono, e saranno, sono contenuti in numero finito, e limitato. »

330. Cf. *supra,* p. 159.

331. *Quarte Considerazioni,* 30 sq.

vues anciennes — en fait, c'est à peu près tout ce que Stefano degli Angeli peut faire. La « fausseté » des expériences de Borelli, l'impuissance dont Zerilli fait preuve dans sa tentative de venir au secours de son maître l'ont confirmé dans ses anciennes convictions fondamentales. Ses adversaires traitent de la rotation de la terre — ou s'y essaient — comme si c'était un simple « cas » de rotation, sans différence de principe avec tout autre cas. Là est précisément leur erreur. Le cas de la terre *diffère* de tous les autres, et ne produit pas les forces centrifuges qu'on rencontre dans tous les autres cas. Les choses pourraient assurément être autres. Dieu aurait pu faire tourner la terre de telle sorte qu'elle « expulse » les corps et les chasse au loin. Mais [332],

LE MATHÉMATICIEN. — Pour le moment, je ne veux pas rechercher ce que Dieu et la nature auraient pu faire. Je sais bien que *de facto,* il n'y a pas expulsion. Je vois en effet qu'un corps grave, même petit, demeure en repos au sommet d'une tour et qu'en descendant il reste sur la même perpendiculaire physique. Je crois aussi que, si la terre tournait, même beaucoup plus vite qu'en 24 heures, elle ne l'expulserait pas par cette [rotation], car je n'admets pas que ce mouvement circulaire ait une faculté d'expulsion. S'il est donc vrai qu'elle doit nécessairement expulser, alors, chaque fois que Sign. Zerilli le démontrera, il démontrera en même temps que la terre ne se meut certainement pas.

Mais une théorie qui prétendrait démontrer *que la terre ne se meut pas* est manifestement disqualifiée par le fait même aux yeux du Père Stefano. Elle ne peut être vraie. Il est même tout à fait possible que l'opposition de Stefano degli Angeli aux conceptions de Zerilli et de Borelli provienne

332. *Ibid.,* 37 : « MAT. Io per hora non voglio ricercare quello che posse fare Iddio, e la natura. Io so bene, che *de facto* non vi è estrusione, perche vedo che il graue ben picciolo stà immobile sopra la cima della torre, e discendendo e sempre nella medesima perpendicolar fisica. Credo anco che quando girasse la terra, anco assai più veloce delle hore 24 non per questo estruderebbe, mentre non capisco che questo moto circolare habbia facoltà estrusiua. Se poi è vero che de necessità debba estrudere, ogni volta che il Sig. Zerilli prouerà insieme che la terra certissimo non si muoua. Ma veniame à quella conclusione, che hô detto di sopra cauarsi dalla dottrina del Sig. Zerilli, dalla quale aparirà questa verità. »

en grande partie de son copernicanisme. Chose curieuse, il voit en eux des alliés de Riccioli [333].

L'affirmation, dans la dynamique de Zerilli et de Borelli, que la rotation de la terre produit des forces centrifuges ne peut donc être vraie ; elle est contraire aux faits. De plus, comme Angeli l'a déjà mentionné ailleurs, cette théorie implique à titre de conséquence nécessaire un autre prétendu phénomène, également faux et inexistant [334], à savoir que la descente sera la plus courte à l'équateur et extrêmement rapide au pôle.

Certes, malgré le fait que l'ensemble de la terre tourne autour de son axe en vingt-quatre heures, et que par conséquent les corps, quel que soit leur lieu, accomplissent cette révolution dans le même temps, ils ne se meuvent pas avec la même vitesse. En termes modernes, il nous faut distinguer entre vitesse angulaire et vitesse linéaire des différents points de la surface terrestre, et donc reconnaître qu'un corps situé à l'équateur se mouvra avec une vitesse tangentielle plus grande que ceux qui sont placés ailleurs [335].

LE MATHÉMATICIEN. — Le corps grave ne se meut donc pas circulairement avec le même degré de vitesse sur tous les parallèles, quoique les décrivant tous en 24 heures, mais le mouvement circulaire sur l'équateur sera notablement plus rapide que sur les autres parallèles, et au pôle il n'y aura aucun mouvement. C'est pourquoi dans le plan de l'équateur le grand degré de vitesse circulaire entravera fortement la vitesse de

333. En fait, ils enseignent tous, contre Galilée, que, si la terre se mouvait, les corps se mouvraient autrement que dans le cas où la terre serait immobile.

334. *Ibid.*, 37 : « Quest'è che il graue discenderebbe all'ingiù tardissimo nel piano dell'Equatore, e infinitamente più veloce sotto il polo nello sfera parallela. » Le P. Stephano est encore une fois trahi par son manque de précision. Le corps grave tombera aux pôles avec une plus grande vitesse qu'à l'Équateur ou partout ailleurs, mais cette vitesse bien que très grande, ne sera pas infinie.

335. *Ibid.*, 37, 38 : « MAT. Hora il graue in tutti li paralleli non si muoue di moto circolare con il medemo grado di velocità, ma descriuendoli tutti in 24 hore, il moto circolare nel piano dell'Equatore è assai più veloce, che nelli altri paralleli, e nel Polo e nulle. Adunque nel piano dell'Equatore il gran grado di velocità circolare impedirebbe molto il descensiuo, nelli altri meno, e meno, fine che nel Polo non impedirebbe in conto alcune. Adunque il graue descenderebbo meno nei Equatore che nelli altri, e sotto il Polo con velocità grandissima. »

descente, sur les autres [parallèles] la gêne diminuera, pour s'annuler au pôle ; le corps grave tombera donc à l'équateur moins [vite] qu'ailleurs ; au pôle il tombera avec la plus grande vitesse.

Avec son mélange de déduction correcte et de refus d'en accepter le résultat, le raisonnement de Stefano degli Angeli est caractéristique du retard de la science italienne de son temps. Ailleurs, en France ou en Angleterre, un homme de la valeur et des capacités de Stefano, ne dépouillerait pas la terre de la « faculté d'expulser » ; il annoncerait au monde — avant Hooke et Halley — que les corps graves tombent plus lentement à l'équateur qu'au pôle.

En fait, même la distinction entre vitesse linéaire et vitesse angulaire et le rôle attribué à la première — quoique ayant déjà été utilisés par Borelli dans sa *Theorica Planetarum Medicearum* pour expliquer les orbites elliptiques des planètes [336] — semblent avoir un caractère trop radical pour le Père Stefano. Ils font donc l'objet d'une attaque d'Ofreddi, comme étant en contradiction avec la base même de la théorie propre de Borelli [337].

336. Cf. mon mémoire cité *supra,* n. 146.

337. Cf. *Quarte Considerazioni,* 38 : « Ofr. Io non sò cosa sia per respondere il Sig. Zerilli ; sò bene che direi che questi diversi gradi di velocità non sono di quelli sufficienti ad impedire diversamente, per certa loro uniformita, cio è che tutti li paralleli sono descritti in 24 hore. Nel Schema del Sig. Borelli quantunque li due circoli GC, AE siano diuersi, e che il punto A, giri con maggior velocità del punto C, nulladimeno questi due moti circolari inegualmente veloci non sono differenti nell' estruder, perche sono fati nel medemo tempo. Bene la medema circulation GC, fatta in minor tempo, e in conseguenza con maggior grado di velocità hauerebbe maggior energia d'estrudere, e impedire il moto discensiuo. Cosi nelli paralleli all' quantuncque il grado di velocità d'vno sia maggiore del grado di velocità dell'altro, nulladimeno non vi è diuersita nell'estrudere, perche tutti girano nelle medeme hore 24. Bene più estruderebere, e impedirebbero quando si facessero girare in tempo minori. E per respondere più brevemente, e dar vna riposta stringata, distinguo due maggior grado di velocità ; il maggior grado di velocità circolare perche il circolo in minor tempe hà virtu d'estrudere maggiormente, concedo ; il maggior grado di velocità per ampiezza di maggior circolo, ma girato nel medemo tempo hà magior facoltà d'estrudere, e impedire, lo nego. Ne occore che V. S. noti la diuersita del schema del Sig. Borelli, oue li circoli si ampiano per l'allungamento del lato BC, in BA, e nel caso delli paralleli per l'ampliatione dell'angolo al centro della terra, e vertice del Cono, perche è quasi il medemo. »

Ofreddi. — Je ne sais pas ce que répondrait Sign. Zerilli. Mais je sais ce que je dirais, à savoir que ces degrés de vitesse ne sont pas suffisamment différents pour entraver différemment [la descente], et ce en raison d'une certaine uniformité qu'ils possèdent, puisque tous les parallèles sont décrits en 24 heures. Dans l'exemple du Sign. Borelli, bien que les deux cercles GC et AE soient différents et que le point A tourne avec une vitesse supérieure à celle du point G, néanmoins ces deux mouvements circulaires inégalement rapides ne sont pas différents en [pouvoir d'] expulsion parce qu'ils sont accomplis dans le même temps. Certes, la même révolution GC, accomplie en un temps plus court, donc avec un plus grand degré de vitesse, aurait plus d'énergie pour expulser et gêner le mouvement de descente. Mais, entre les parallèles, quelque différence qu'il y ait en ce qui concerne leurs degrés de vitesse, il n'y a pas de différence en matière d'expulsion, car la révolution est toujours de 24 heures. Bien entendu, ils expulseraient et entraveraient plus [fortement] si on les amenait à accomplir leur révolution en un temps plus court. Et, pour répondre à la fois plus brièvement et plus rigoureusement, je distingue deux espèces de degrés plus grands de vitesse. Je concède [que] le degré supérieur de vitesse dû à ce que le cercle [est décrit] en un temps plus court possède à un plus haut degré la faculté d'expulser. Mais je nie [que] le degré supérieur de vitesse dû aux dimensions plus grandes du cercle avec révolution de même durée ait un plus grand pouvoir d'expulser et d'entraver. Il se trouve que vous avez fait la distinction entre le cas traité par Sign. Borelli, où les cercles augmentent par l'allongement du côté BC, en BA, et le cas des parallèles [qui augmentent] par l'augmentation de l'angle au centre de la terre ou au sommet du cône (deux cas quasi identiques).

La distinction de Stefano degli Angeli entre deux espèces de « vitesse plus grande » est subtile, trop subtile, malheureusement, car elle signifie en termes modernes que la vitesse *linéaire* du corps en rotation n'a pas d'importance pour, ni d'effet sur la force centrifuge qui naît de son mouvement : c'est la vitesse angulaire, et elle seule, qui compte.

Pauvre Père Stefano ! Ses idées sur la force centrifuge sont plutôt nébuleuses (mais celles de Borelli ne l'étaient guère moins, et l'étaient peut-être tout autant)[338]. Il peut donc conclure, nonobstant l'enseignement de Borelli[339] :

LE MATHÉMATICIEN. — Comme l'équateur et tous les parallèles sont tous décrits en l'espace de 24 heures, ils ont le même pouvoir d'expulsion et d'entrave du mouvement vers le bas.

338. Nous pouvons apprécier par comparaison l'immense valeur du traitement du problème par Huygens — et par Newton.

339. *Ibid.*, 38 : « MAT. L'Equatore con tutti li paralleli, perche tutti descritti nel spazio di 24 hore, hanno la medema faculta d'estrudere, e impedire il moto descensivo. »

XIV. — RICCIOLI CONTRE STEFANO DEGLI ANGELI

Stefano degli Angeli nous dit qu'il venait de terminer la composition de son sixième dialogue et était prêt à l'envoyer à l'imprimeur quand il apprit la publication par Riccioli d'une *Apologia* dirigée contre lui. Il avait donc dû retarder l'impression. Aussi déclare-t-il au lecteur [340] :

J'avais déjà composé le sixième dialogue quand j'appris, le jour même où je voulais faire commencer l'impression, que le très savant P. Giambattista Riccioli avait fait imprimer à Venise l'*Apologia* pour soutenir son argumentation physico-mathématique contre le système copernicien : dans une bonne partie du livre, il attaquait mes *Prime* et *Secunde Considerazioni*. Bien que vous puissiez facilement reconnaître les erreurs et faussetés qu'il contient, si vous avez vu mes *Considerazioni* précitées, j'ai néanmoins jugé utile de les relever dans le septième dialogue, afin que vous puissiez les apercevoir avec moins d'effort.

Le Père Stefano est heureux d'ajouter que l'*Apologia* de Giambattista Riccioli n'est pas dirigée contre lui seul, et que — de l'aveu de Riccioli lui-même — il a de précieux alliés dans son opposition aux arguments de Riccioli [341] :

340. Stefano degli Angeli, *Quarte Considerazioni,* Al Lettore, Padoua, 15 Oct. 1669 : « ...Havevo già disteso il sesto Dialogo, quando il medemo giorno, che voleuo principiare à farlo stampare, hebbi notitia dell' Apologia del Dottissimo P. Gio. Battista Riccioli, stampata in Venezia à fauore di quel suo argomento Fisicomatematico contro il Sistema Copernicano, in buono parte della quale pretende impugnare le mie Prime, e Seconde Considerazioni. E se bene le Bugie, e Menzogne, che contiene possono esser facilmente conosciute da Te, se hauerai veduto le mie dette Considerazioni, nullàdimeno ho giudicato bene auertirle nel Settime Dialogo, acciò le posse conoscere con minor fatica. »

341. *Ibid.*, 46 : « Non e stato ferito contro noi soli, ma come dice alle facciate 4. e 5. contro diversi gran Letterati, à quali non è piaciuto

L'Apologie du très savant P. Giambattista Riccioli n'est pas dirigée contre nous seulement, mais, comme il le déclare pages 4 et 5, contre plusieurs grands savants, qui n'ont pas apprécié ses arguments : ce sont les très savants Giulio Turrini, Gio. Domenico Cassini, Geminiano Montanari, Giovanni Alfonso Borelli, Adrien Hasut, et il nous ajoute à la liste.

En fait, aucun de ces deux ouvrages de Riccioli et de S. degli Angeli n'enrichit la discussion d'idées nouvelles et importantes. On pourrait même dire en un certain sens qu'elles n'ajoutent rien au débat. Elles ferment le cercle de la polémique et nous ramènent au point de départ, elles répètent leurs arguments sans les améliorer. L'intérêt de ces ouvrages est purement historique.

Naturellement, Riccioli n'a été ni convaincu, ni même ébranlé par les critiques de Stefano degli Angeli. Il est tout aussi incapable qu'auparavant de comprendre la signification de la relativité galiléenne du mouvement ; il est tout aussi convaincu qu'auparavant de la validité de son argumentation et fier de l'avoir découverte. Cependant il admet, dans son honnêteté, que sa conviction n'est pas partagée par tous, ni même par tous ses amis et collègues. Il nous informe même — ainsi qu'Angeli — que nombre de ces hommes de grand renom et d'impeccable orthodoxie n'ont pas su reconnaître la lumière. Son *Apologia* nous le montre à la fois sous son jour le meilleur, savant et érudit *(doctissimus et eruditissimus)*, et le pire, attaché irrémédiablement au système de ses conceptions physiques dépassées, incapable de tout effort pour en changer ou même pour les modifier [342].

Ce qui est en question, ce n'est pas tant la *validité* du système copernicien (question que, pour tout bon catholique, la décision infaillible de l'Église a tranchée une fois pour toutes) que la possibilité de fournir une réfutation rationnelle de ce système. Riccioli commence donc en en donnant

quell'argomento. Sono questi li Dottissimi Guilio Turrini ; Gio. Domenico Cassini ; Geminiano Montanari ; Gio. Alfonso Borelli ; Adriano Hasut ; e à questi hà accopiato anco noi altri. » Pour Stefano degli Angeli, que Michele Manfredi accusait de cryptocopernicanisme, cette annonce doit avoir été secourable.

342. Ne soyons pas trop sévères : il est difficile de changer d'opinion, et en 1669 Riccioli est un vieil homme. De plus, il s'agit d'un changement très radical.

un excellent et court historique [343]. Il poursuit en soulignant l'importance du débat, qui embrasse des questions se rapportant à l'astronomie, la physique et la théologie, et devient donc une cause célèbre ; il nous parle de sa contribution à la discussion, à savoir [344] :

343. G. B. Riccioli, *Apologia,* 2 : « Cap. I. *De controversiae huius celebritate, ac gravitate apud Astronomos, Physicos, et Theologos, deque Occasione iterum ac Saepius de illa disserendi nobis oblata.*

» Merito inter nobiles de Natura quaestiones Seneca libro 7 cap. 2, hanc in priuis scitu dignissimam censuit, cum dixit : *Illo quoque pertinebit hoc excussisse, vt sciamus vtrum Mundus, Terra stante circumeat ; an Mundo stante, Terra vertatur ? Fuerint enim qui dicerent. Nos esse, quos rerum natura nescientes ferat, nec coeli motu fieri Ortus, et Occasus, sed ipsos nos oriri, et occidere : Digna res est contemplatione vt sciamus, in quo rerum statu simus : pigerrimum sortiti, an velocissimam sedem ? circa nos Deus omnia, an nos agat ?* Quandoquidem diurnam horarum 24 revolutionem, Telluri circa sui centrum, et axem vertigine continua Oriente versus circumeunt : adscripserant olim *Heraclides Ponticus, Ecphantus Pytagoricus* et *Nicetas Syracusanus,* vt referunt Cicero lib. 2 Academ. sq. et lib. 1. Tusculanae ac Plutarchius lib. 3 de Placitis Philos. cap. 13. Praeter diurnum autem, annuum quoque motum, quo centrum Telluris circo Solem in Mundi centro quiescente circumferatur diebus 365, et fere diei quadrante, inuexerunt Aristarchus Samius et Philolaus vterque Pytagoricus attestante id Archimede in Arenario, Plutarcho 3 de Placitis cap. 11, Ptolemaeo lib. 1 Magnae constitutionis cap. 5 et 7 et indicante Aristotele 2 de Caelo textu 72. Horum opinionamenta, postquam Nicolaus Copernicus Toronensis et Canonicus Varmiensis veluti ex diuturno somnio excitauit, nouisque hypothesibus substruxit. »

344. G. B. Riccioli, *Apologia,* 2 : « In libro illo 9 Almagesti Noui, Sect. 4 ubi a cap. 5 ad 34 produximus quadraguinta nouem Argumenta pro Telluris diurno et Annuo motu Solisque quiete in centro Vniversi, subiunctis tamen eorum solutionibus. Pro immobilitate autem Terrae protulimus septuaginta septem Argumenta. » Cf. *Apologia,* 3 : « Inter alia itaque argumenta contra Systema Terrae motae, illud mihi Physicomathematicè visum est euidens, quod deduxi e reali percussionis validitate maiori et maiori, quo ex maioris altitudine grauia naturaliter descendunt, quae validitas caeteris paribus reale ac notabile incrementum impetus per motum acquisiti supponit, adeoque realem accelerationem grauium descendentium : At in hypothesi motus Telluris accelerationem illam mere apparentem forè, et absolutè falsam ; aut physice tam exiguam demonstratur, vt nullius sit considerazionis, respectu validitatis, qua fit percussio, siue descensus grauium fingatur fieri per lineam circularem à Galileo designatam, siue per aliam speciem curuilineae tramitis, puto parabolicam, spiralem aut helicoidem ; Proinde illum argumentum prius contra Galilaeum retorquendum duxi lib. 9 Almag. Noui sect. 4, cap. 19 assumpta ex ipso via circulari, esto illam talem non esse in progressu, nec vniversaliter ostendissem cap. 17 postea vero in Astronomia Reformatae lib. I Appendice 2 illud argumentum instauraui supposita quacunque via descensuo curvilineae Copernicanae hypothesi congruente.

...au livre IX de l'*Almagestum Novum,* sect. IV, où, du chap. 5 au chap. 34, nous avons présenté quarante-neuf arguments en faveur des mouvements diurne et annuel de la terre et l'immobilité du soleil au centre de l'univers, en y ajoutant néanmoins la réfutation. Pour l'immobilité de la terre, nous avons présenté soixante-dix-sept arguments.

Entre autres arguments contre le système du mouvement de la terre, l'un m'apparut physico-mathématiquement évident : je l'ai déduit du [fait que] la force réelle de percussion devient d'autant plus grande que le corps descend naturellement d'une plus grande hauteur, force de percussion qui, toutes choses égales d'ailleurs, implique une augmentation réelle et notable de l'*impetus* acquis par le mouvement, de même qu'une accélération réelle des corps graves qui descendent. Mais, dans l'hypothèse du mouvement de la terre, cette accélération ne serait qu'apparente : prise absolument, elle serait inexistante ; [prise] physiquement, il est démontré qu'elle est si faible que, relativement à la force de percussion, peu importe qu'on imagine la descente des graves comme se produisant le long de la ligne circulaire indiquée par Galilée ou le long de toute autre espèce de trajectoire curviligne, par exemple parabolique, en spirale ou en hélice. En conséquence, j'ai d'abord, au livre IX de *l'Almagestum Novum,* sect. 4, chap. 19, utilisé cet argument contre Galilée, en supposant comme lui que le corps se mouvra sur une trajectoire circulaire, bien que j'aie montré au chap. 17 que ce n'est ni le cas pour ce mouvement, ni le cas général ; et plus tard, au livre I, App. 2 de l'*Astronomia Reformata,* j'ai présenté cet argument, en supposant que la trajectoire de descente est n'importe quelle ligne courbe compatible avec l'hypothèse copernicienne [345].

Malheureusement, cet argument, quoique « physiquement évident » [346], s'est heurté à quelque résistance. Riccioli poursuit donc :

345. Cf. *supra,* p. 80-81.

346. *Ibid.,* 3 : « Verum non defuere Viri doctissimi, et acutissimo ingenio praediti, qui vim argumenti huius mei cum eneruare conati sunt qua verbis coram, qua scriptis ad me litteris vel dissertationibus, aut opusculis in lucem editis. Aliqui autem dubia nonnulla mihi soluenda proposuere. Hos inter proecipuis fuere Excellentiss. Franciscus Hyacinthus de Timiana Planitiarum Marchio, de cuius insigni pietate, multiplici et profunda doctrina, in Dedicatoria meae Geographiae Reformatae perpauca, sed prae innita ipsius modestia multa dixi : qui tamen postea mei argumenti vim agnouit probauitque.

Il est vrai qu'il s'est trouvé des savants doués d'un esprit pénétrant, pour tenter de réfuter cet argument dans des discussions privées ou dans des lettres et dissertations qu'ils m'ont adressées, ou dans des opuscules publiés ; d'autres m'ont proposé des objections à résoudre. Parmi ces derniers il me faut nommer en premier lieu l'excellent Franciscus Hyacinthus de Timiana, marquis de Pianizza, de grande piété et de profond savoir, de qui j'ai fait, dans la dédicace de ma *Geographia Reformata*[347]

Eodem verò tempore Excell. D. Doctor Philosophiae, Medicinae, Matheseos, juris et graecarum litterarum consultissimus D. Julius Turrinus Niceae in Prouincia natus plenissimam subtilitatis dissertationem ad me scripsit, et sic inscripsit.

Nicetas Orthodoxus
Seu de Controverso Mundi Systemate
Sensus Christiano Philosopho dignus

Cuius diatribe, post quinque Conclusiones, vnica tandem Conclusione hac terminatur : *Solem Diurno et Annuo motibus circumuolui, Terram quiescere ferme teneo, infaillibiliter credo, et aperte profiteor, non Physicis, non Mathematicis ad id impetus Rationibus, sed mero imperio fidei, Auctoritate scripturae, et nutu Romanae Sedis, cuius effata distante Spiritu veritatis, vt universos docet, mihi iurata sunto.* Et post meam Responsionem Apologeticam, rursus insurrexit *Duplica* ad me scripta, adhaesitque pristinae suae optinioni. Posteà verò de hoc argumento mihi non semel disceptatio fuit cum amicissimis et Excellentiss. Matheseos Professoribus in Bononensi gymnasio, D. Io. Dominico Cassino, et. D. Geminiano Montanario, Operibus in lucem editis iam in Italia, et extra notissimis, sed mihi e familiaribus colloquijs longe notissimis et aestimatissimis. Subinde autem Excellentiss. D. Jo. Alphonsus Borellus in Patria Messanensi, et deinde in Pisana Academia Mathematum Professor, primum scripto, et postmodum evulgato Libro De Vi Percussionis, Propositione LVIII meum argumentum contra Telluris motum extenuare conatus est. Nouissime denique R. Fr. Stephanus de Angelis in Patauino Gymnasio Mathematicarum Professor, duplici dialogo vtramque Argumenti mei formam inefficacem esse contendit ; cumque illi meo consensu respondisset D. Michael Manfredus ; iterum Fr. Stephanus contra hauc responsionem insurrexit, et D. Adrianus Nasut Gallus in suis observationibus pag. 49. Hinc factum est ut veritatis discernendae studio, sedulo et accuratius hoc negotium agressus sim, et ex multis ea selegerim, quae controversiae huic decidendae mihi visa sunt opportuna. »

347. *Geographia et / Hydrographiae / Reformatae / libri duodecim ...Ad illustriss.et excellentiss.D. / D.Carolum Emmanuelem / A Simiana /Marchionem Liburni etc... Bononiae,* 1661.

Charles Emmanuel de Simiane, Marquess of Pianezza, Livorno, Montecapretto, Castelnuovo, Roati and Mareto, was the son of the well-known Carles Emmanuel Philibert Hyacinte de Simiane (1608-1677), colonel-general of the armies of Victor-Amedeo I of Piedmont, first minister of the duchess of Savoy Mary-Christine of France, minister of Charles Emmanuel II. The *Geographia Reformata* was republished, in 1672, by Jean La Noue, who, however, changed the dedication : *Geographiae / et / Hydrographiae / Reformatae /. Nuper recognitae, et*

un éloge très au-dessous de la vérité, mais au-dessus de ce que sa modestie acceptait ; il a par la suite reconnu et approuvé la force de mes arguments. A la même époque l'excellent D. Julius Turrinus[348], docteur en philosophie, en médecine, en droit et en lettres grecques, né dans la province de Nicée, m'écrivit une dissertation pleine de subtilité, à laquelle il donna pour titre :

Nicetas Orthodoxe

ou du Jugement digne d'un philosophe chrétien sur un Système du Monde controversé,

Auctae / Libri Duodecim : Ad Illustriss.et Excellentiss. Liberum Baronem et Dominum / D.Bartholomaeum Bertoldum / Austriaca in Aula / Serenissimi Ferdinandi Caroli Archiducis Austriae, Olim primum Status Consiliarium, atque Supremum / Serenissimi / Arichiducis Sigismundi Francisci Cancellarium. Venetiis..., 1672.

348. Julio Torrini naquit à Lantisque, dans le comté de Nice, à une date inconnue. Médecin et mathématicien célèbre dans la première moitié du XVIIe siècle, il occupa à Turin les fonctions de premier physicien du roi Emmanuel II, de bibliothécaire royal et de professeur à l'Université de Turin, où il enseigna les mathématiques et la médecine. En reconnaissance de ses mérites, la ville de Turin lui octroya le droit de cité. Il devint ensuite professeur à l'Université de Bologne. Dans l'*Athenaeum liguricum,* 380, Perusia, 1680, Oldoni dit de lui : « vir morum probitate et scientiarum cognitione nostra aetate celebris, ac Poesiae amator ». Oldoni donne (p. 390) une liste de ses ouvrages, principalement de médecine, et ajoute : « multa insuper elaboravit quae nondum impressa in plurimum scrinis asservantur inter quae : *Cosmographiae libri quattuor, Theoricarum coelestium libri tres, Compendium doctrinae sphericae etc.* ». Il semble que ces ouvrages demeurèrent inédits ; tout au moins ne figurent-ils pas dans la bibliographie publiée par Jean-Baptiste Toselli, *Biographie Niçoise,* 2 : 287-289, Nice, Paris et Turin, 1860. Cf. aussi Onorato Derossi, *Scrittori piemontesi...,* 128 et 216, Torino, 1790 ; Gio. Bonino, *Biographia medica piemontese* 1 : 380, Torino, 1824-1825 ; Vallauri, *Storia della poesia in Piemonte,* 1 : 407 et 512, Torino, 1841.

Le *Nicetas Orthodoxus* n'est pas mentionné par les biographes de Torrini, Oldoni et Toselli.

Jean-Dominique Cassini. Le fameux astronome et ingénieur francoitalien naquit en 1625 à Perinaldo, dans le comté de Nice, devint en 1650 professeur d'astronomie à l'Université de Bologne, fut appelé par Colbert à Paris pour organiser l'Observatoire Royal que Colbert voulait créer, et en devint le premier directeur (1672). Cassini s'établit ensuite en France, se maria en 1673 et reçut la même année ses « lettres de grande naturalisation ». Il mourut en 1714. Le talent mathématique et la passion de l'astronomie étaient héréditaires chez les Cassini. Son fils, Jacques Cassini, Cassini II (1677-1756), son petit-fils, César-François Cassini de Thury, Cassini III (1714-1784), son arrière-petit-fils, Jacques-Dominique, comte de Cassini, Cassini IV (1747-1845) maintinrent la tradition qui rendait le nom de Cassini synonyme d'astronome.

dont l'argumentation, après cinq conclusions, se termine néanmoins par l'unique proposition que voici : « que le soleil tourne du mouvement diurne et annuel, que la terre soit en repos, je le pense fermement, je le crois infailliblement et je le proclame ouvertement, y étant conduit non par des raisons mathématiques ou physiques, mais par le seul pouvoir de la foi, l'autorité des Saintes Écritures et les instances du Siège Romain, aux décisions duquel (inspirées par l'Esprit de Vérité pour enseigner l'univers) je désire me tenir ». Et, après ma *Responsio Apologetica,* il reprit son opposition dans une *Duplica* qu'il m'écrivit, et soutint son opinion antérieure. Par la suite, j'ai plus d'une fois discuté mon argumentation avec mes amis les excellents Professeurs de Science à l'Université de Bologne D. Jo. Dominico Cassini et D. Geminiano Montanari, très connus en Italie et à l'étranger par les ouvrages qu'ils ont publiés, tandis que je les connais et estime hautement moi-même en suite de nos conversations familières. Mais alors l'excellent D. Jo. Alfonse Borelli, Professeur de Mathématiques d'abord à Messine, sa ville natale, puis à l'Académie de Pise, a tenté, d'abord dans un écrit, puis dans son livre *De Vi Percussionis,* prop. LVIII, de réfuter mes arguments contre le mouvement de la terre. Et récemment R. Fr. Stefano de Angelis, Professeur de Mathématiques à l'Université de Padoue, a aussi soutenu, dans deux dialogues, l'inefficacité de mes deux formes d'argumentation ; avec mon accord le D. Michel Manfredi a répondu ; le Père Stefano a combattu une fois encore Manfredi, D. Adrianus Nasut Gallus a fait de même dans ses *Observationibus* [349], p. 49.

349. Je dois à la sagacité et à l'érudition sans égale de M. Paul-Henri Michel, Conservateur adjoint à la Bibliothèque Mazarine, l'identification du mystérieux Adrien Nasut (ou Hasut, comme le nomme Stefano degli Angeli, cf. p. 194) avec l'astronome et savant français Adrien Auzout, qui publia en 1665 une *Lettre à Monsieur l'Abbé / Charles / sur le Raggionaglio / di due nuove osservazioni / da Giuseppe Campani / Avec / des Remarques où il est parlé / des Nouvelles descouvertes / dans Saturne et dans Jupiter,* Paris, 1665.

C'est probablement à cet ouvrage que pense Riccioli. Il en cite inexactement le titre, mais, comme il déforme aussi le nom de l'auteur, il est probable qu'il ne l'a pas vu et en a seulement entendu parler par quelqu'un d'autre (quant à Stefano degli Angeli, il n'a fait qu'aggraver l'inexactitude de l'orthographe de Riccioli). En tout cas, Adrien Auzout (pp. 17 et 48) mentionne Riccioli sans critiquer son argument géostatique. Il se borne à affirmer la vérité du copernicanisme, nonobstant son rejet par Giambatista Riccioli et Honoré Fabri.

Il est intéressant de noter que, même au sein de l'Ordre auquel il appartenait, l'argument de Riccioli n'emportait pas l'assentiment général. Ainsi le fameux mathématicien belge André Tacquet le rejetait

Riccioli nous parle ensuite de ses recherches sur la chute des corps : il déclare — à bon droit, nous le savons — avoir établi expérimentalement la valeur de la constante de l'accélération et la validité de la loi galiléenne de la chute (S proportionnel à t^2)[350]. C'est sur la base de cette loi, et du fait que la vitesse effective de descente dépende du poids (spécifique) des corps qui descendent et de la résistance du milieu (air) qu'ils ont à surmonter, qu'il a calculé les trajectoires effectives de ces corps[351].

Dans son travail, Riccioli, nous le savons, avait admis que l'accélération gravitationnelle avait la même valeur dans

carrément, déclarant qu'il n'existe contre le mouvement de la terre aucun argument valable (celui de Riccioli étant un paralogisme) et que seule la Révélation nous assure de l'immobilité de la terre.

Cf. *R. P. Andreae Tacquet, Antwerpiensii e Societate Jesu, Opera Mathematica,* demonstrata et propugnata a Simone Laurentio Veterani, ex comitibus Montis Calvi, In collegio Societatis Jesu, Lovani, *Astronomiae liber octavus / Varii tractatus Astronomici / tractatus primus, De hypothesi Terrae motae,* 1668. Dans l'introduction de son traité, Tacquet déclare (p. 321) : « Ego quidem minime dubito, quin *Terra in aeternum stet ;* etenim firmavit orbem Terrae qui non commouebitur. Unde et libris septem prioribus Astronomiam Universam iuxta Hypothesim Terrae Stantis exposui. Quia tamen haec controversia inter omnes Astronomicas celeberrima est, eam penitus praeterire non est visum. Exponam igitur primo naturam et conditiones huius Hypotheseos, et qui per eam phenomenis satisfiat, deinde quid de eius veritate sentiendum. Utrumque quam potero clarissimé et brevissimé. »

Après avoir alors (chap. I et II) donné un exposé, court mais parfaitement correct du système de Copernic, il poursuit en demandant (chap. III) : « *Caput III.* Quid de veritate absoluta motus Terrae sentiendum ? » et nous dit que le R.P. J.B. Riccioli dans son « *Almagest.* libro 9 tota sectione quarta quae iustum volumen explet eà tum eruditione tum copia prosecutus est, ut facile omnes hoc in negotio superaverit. » En effet, dit Tacquet, le R.P. J.B. Riccioli ne se borne pas à citer tous les arguments pour (49) et contre (77) le mouvement de la terre, mais en ajoute un.

Les chapitres IV et V présentent la démonstration de Riccioli ; au chapitre VI (p. 328) son *Paralogismus ostenditur.* Les critiques de Tacquet (probablement inspirées de celles de Mersenne à l'encontre de Galilée) ne sont ni originales, ni intéressantes. Il déclare que la trajectoire ne serait pas circulaire, mais en spirale, et que, si elle était circulaire, la chute durerait six jours, quel que fût le point de départ, ce qui est excessivement invraisemblable et de plus incompatible avec l'enseignement et les expériences de Riccioli lui-même. Il en conclut donc qu'il n'existe d'argument valide ni pour, ni contre le mouvement de la terre et que l'Écriture Sainte est notre seule raison de rejeter Copernic.

350. Cf. *supra,* pp. 71-72 sq., et mon mémoire mentionné à la n. 51.

351. Cf. *supra,* pp. 75 sq.

tout l'univers [352], et que la résistance du milieu (air) pouvait être supposée également constante dans tout l'espace sublunaire ; il invoquait, pour preuve de cet « axiome » expérimental, le fait que les corps tombent avec la même vitesse à Bologne, Florence ou Rome [353].

Preuve tout à fait insuffisante, objecte le Père Stefano : la base en est trop étroite [354]. En outre, nous ne savons rien sur la gravité, et il est très possible que, comme pour l'attraction magnétique, son action s'affaiblisse quand la distance augmente. En outre, souligne le Comte, même si sa force était constante, le mouvement vers le bas ne serait pas uniformément accéléré pendant toute la durée de la chute parce que, comme Galilée l'a montré, la résistance du milieu augmentera avec la vitesse [355]. Elle finira même par transformer le mouvement accéléré en mouvement uniforme, ajoute le mathématicien [356].

Il est intéressant de voir que les anciens problèmes concernant le mécanisme de l'accélération continuaient à être débattus malgré le refus de Galilée de s'occuper de la nature de la gravité. Riccioli croit que l'accélération est le résultat d'un nouvel *impetus*, l'*impetus productus*, engendré par la gravité du corps à chaque instant de sa chute [357]. Stefano degli Angeli, objectant qu'une force ou qualité (la gravité constante ne peut constamment produire de nouveaux effets en nombre indéfini ou infini), affirme que cette gravité, quelle qu'en soit la nature, produit un mouvement uniforme, et soutient que ce dernier n'est pas, à proprement parler, *accéléré* mais seulement *déretardé*, théorie que Galilée aussi, au moins dans sa jeunesse, a soutenue [358]. Selon cette conception, un corps jeté en l'air — ou simplement soulevé —

352. Comme nous le savons, cela était admis non seulement par Galilée, mais même par Borelli ; cf. mon mémoire mentionné à la n. 146.
353. Cf. *Apologia*, 53.
354. Cf. *Quarte Considerazioni*, 51.
355. *Ibid.*, 52 sq., avec renvoi au *Dialogue sur les deux plus grands Systèmes du Monde*, p. 75 de l'édition latine.
356. *Ibid.*
357. Cf. *Apologia*, 52.
358. Cf. *Quarte Considerazioni*, 54 ; cf. mes *Études Galiléennes*, 2e édit., et R. Giacomelli, *Galileo Galilei Giovane*, Pisa, 1949.

jusqu'à une certaine hauteur acquiert par cette élévation un certain *impetus* qui est opposé à l'impetus de gravité. Aussi, malgré le fait que ce dernier demeure constant et produirait, en tant que tel, un mouvement uniforme, il est ralenti et entravé dans son action par celui qui est acquis lors de l'élévation. Mais, comme ce dernier est continuellement affaibli et dépensé en résistance, l'entrave qu'il oppose au mouvement vers le bas diminue, et la vitesse de ce mouvement croît. Il est difficile de dire si le Père Stefano est vraiment convaincu, ou s'il se sert seulement de sa théorie comme d'un moyen d'embarrasser Riccioli et de faire rire le lecteur à ses dépens. Quoi qu'il en soit, toute cette première partie de l'*Apologia* de Riccioli n'a pas plus de portée relativement au problème de la validité de l'argument principal de Riccioli contre le mouvement de la terre, que la partie correspondante du septième *Dialogue* d'Angeli.

Pour ce qui est de ce dernier, Riccioli nous dit une fois de plus que [359] :

> Si les corps graves se mouvaient avec le mouvement diurne de la terre et, dans leur descente, décrivaient dans l'espace universel une circonférence de cercle, comme le déclare Galilée, ils descendraient uniformément, bien que conservant pendant les deux ou même les quatre premières secondes la proportion des carrés —

par rapport aux espaces traversés. En ce cas, l'accélération du mouvement vers le bas serait seulement apparente et non réelle, tandis que l'expérience et son expérimentation ont démontré qu'elle est physique et réelle : en effet, le choc du corps qui tombe augmente avec sa vitesse.

Riccioli se plaint d'avoir essuyé les critiques de Stefano degli Angeli pour avoir supposé que la trajectoire du corps qui tombe sera un cercle. En fait, il ne l'a pas affirmé. Il a seulement [360]

359. Cf. *Apologia,* 40 ; prop. 9, & 5 : « Si grauia cum terrae diurno motu mouerentur e descendende designarent in mundi spatio circuli periferiam à Galileo descriptam : descenderent per illam uniformiter, salua in primis duobus, imo quattuor secundis horariis proportione deita quadratis temporum numeris. »

360. *Ibid.,* 44 : « Hac methodo uti, ut ad hominem argumentaremur contra Galileum, qui abstracte locutus erat, non descendendo

employé cette méthode à titre d'*argument ad hominem* contre Galilée, qui parlait en termes abstraits, sans entrer dans aucun cas particulier, [ce qui] a fourni au P. Stefano degli Angeli une vague occasion de croire que, même dans le cas de la boule lâchée au sommet de la Torre degli Asinelli, qui avait dans les quatre premières secondes traversé respectivement 15, 60, 135 et 240 pieds, cette boule descend en suivant la ligne circulaire de Galilée.

Il y a cependant malentendu — ou pire — de la part d'Angeli, car, dans le cas dont il s'agit, Riccioli n'avait pas affirmé que la boule suivra *toujours* une ligne rigoureusement circulaire. Comme il importe que la ligne soit ou non circulaire, la différence dans les quatre premières secondes de la chute sera en tout cas extrêmement petite (ainsi que la différence de force de percussion provenant de la direction non strictement perpendiculaire du choc), petite au point d'être imperceptible. La chute sera en conséquence sensiblement circulaire. En outre, comme il a déjà été dit, Riccioli a dans l'*Astronomia Reformata* assoupli son argumentation de façon à pouvoir embrasser toutes les trajectoires curvilignes possibles [361] :

Il est donc inopportun d'appliquer une théorie, qui est généralement et abstraitement vraie... et possible, à un cas où elle ne se vérifie pas, ce que fait [Angeli] p. 9 en l'appliquant au cas où notre boule, lâchée aux étages élevés de la Torre degli Asinelli, traversait dans la première seconde 15 pieds et 60 après deux secondes ; en effet, nous utilisons cette expérience afin de prouver que dans la descente les espaces sont dans la proportion

ad ullum casum particularem, dedimus occasionem remotam P. Stefano de Angelis existimandi, etiam in casu globi ex Asinella Turris uertice demissi, qui primis quattuor secundis horariis confecit ordinatim pedes 15. 60. 135. 240 globum hunc descendere per circularem lineam Galilei quod minime expressimus. »

361. *Ibid.* : « Et in Astronomia Reformata lineam illam decernimus. Non oportebat ergo doctrinam illam, quae generaliter et abstracte sumpta vera est, et ut mox docebo, possibilis, applicare ad casum quo non verificatur, sicut fecit pag. 9 nempe ad casum, in quo globus noster ex rostris superioribus Asinellae Turris dimissus confecit primo secundo horario pedes 15 et in fine duorum secundorum pedes 60 etc. hoc enim experimento usi sumus ad comprobandum proportionem spatiorum decursorum talem, qualis est inter quadrata temporum, non autem ad comprobandam viam circularem. »

des carrés des temps, et non pour confirmer la trajectoire circulaire.

Le Père Stefano maintient bien entendu sa position : la trajectoire de descente ne sera ni un cercle, ni aucune des lignes alléguées par Riccioli, mais une spirale, comme il est démontré déjà dans les *Secunde Considerazioni* et à nouveau dans le *De infinitis spiralis inversis*. Probablement Riccioli n'a-t-il pas lu ces passages ou plus probablement les a-t-il lus sans les comprendre[362].

La différence d'opinion entre Riccioli et ses critiques, poursuit Stefano degli Angeli, qui profite adroitement de l'occasion de se coaliser avec Borelli, se réduit simplement à ce que le Père Riccioli ne comprend pas le fait de la relativité du mouvement[363] :

LE MATHÉMATICIEN. — Passons au chap. V qui commence p. 66, où il recherche si, au cas où la terre se mouvrait et le corps grave descendrait, ce dernier se mouvrait sur une ligne perpendiculaire vers le bas, réellement et physiquement, ou seulement en apparence. Supposons que la terre ne tourne pas en réalité et que le corps grave descende sur la perpendiculaire à l'horizon ; nous le verrons descendre sur la perpendiculaire et il y descendra bien en réalité. Si la terre tourne, et que le corps ne descende pas, mais demeure au repos au sommet de la tour, il se mouvra en réalité d'un mouvement circulaire, mais nous ne le verrons pas. Supposons que la terre tourne et que le corps grave descende. Nous le verrons descendre sur la perpendiculaire, alors qu'il décrira en réalité dans l'espace universel une ligne courbe, que nous ne verrons pas. Or, le R.P. Riccioli examine si, dans ce cas, le corps grave descendra réellement et physiquement sur la perpendiculaire, comme nous le voyons. Il nomme Sign. Borelli, Cassini et moi, qui avons dit qu'il y a physiquement et réellement trois choses : la descente du corps grave sur la perpendiculaire en vertu de la gravité ; la rotation due à la révolution diurne ; et la génération par ces deux mouvements d'une courbe dans l'espace universel. Le

362. *Quartae Considerazioni*, 57-58.

363. *Ibid.*, 68 : « MAT. Ma passamo al cap. 5 che principia alla pag. 66 nel quale ricerca se mouendosi la terra, e discendendo il graue, se questi si mouesse vero, e fisicamente per la linea perpendicolare all' ingiù, o pure solo apparentamente. Supponiamo che la terra non giri, como in realtà non gira, e il graue descenda per la perpendicolare all'Orizonte ; e lo vediamo... »

P. Riccioli pense au contraire que cette descente sur la perpendiculaire est seulement apparente, non physique et réelle.

Le Père Stefano ne fait bien entendu que résumer ce qu'il a déjà dit et répété dans ses *Prime* et *Secunde Considerazioni* [364]. Mais il faut bien qu'il répète ses affirmations, tout comme Riccioli reproduit dans son *Apologia* les objections qu'il avait dictées à Michele Manfredi, objections basées sur l'ancienne conception scolastique du mouvement comme un changement affectant le corps mû. Deux mouvements, répète-t-il, ne peuvent pas se combiner dans le même corps [365], en particulier si ces mouvements ou les forces qui les produisent sont essentiels aux corps en mouvement. Un « melange » peut avoir lieu quand l'un est essentiel, et l'autre pas. Ainsi, par exemple, quand un corps est lâché au sommet du mât d'un bateau en mouvement, son mouvement vers le bas, qui résulte de la vertu intrinsèque de la gravité, peut se combiner avec le mouvement et la vertu extrinsèques reçus du bateau en mouvement [366]. Dans le cas du mouvement de la terre, la situation serait toute différente : la vertu rotatoire serait essentielle et intrinsèque.

En fait, même le mélange d'une vertu intrinsèque et essentielle et d'une vertu extrinsèque n'est pas facile. Riccioli nous rappelle que la trajectoire d'un boulet est rectiligne au sortir de la bouche du canon, et ne se courbe vers la terre qu'à la fin de la trajectoire, c'est-à-dire quand l'impetus horizontal s'est épuisé [367].

Angeli nie naturellement tout cela. Point n'est besoin que le mouvement de la terre — si elle se mouvait — soit essentiel. Un ange pourrait être chargé de la faire tourner [368]. Quant au mélange de deux mouvements ou de plus de deux, rien de plus aisé. Ils se mêlent toujours ou, si l'on préfère, la nature est parfaitement capable de les tenir séparés, de telle façon que les effets de l'un n'entravent ni ne gênent

364. Cf. *supra*, pp. 102-103, 110-111.
365. Cf. *Apologia*, 68 sq.
366. *Ibid.*, 70.
367. *Ibid.*, 77, 88 ; cf. *supra*, p. 131.
368. *Quartae Considerazioni*, 20.

l'autre, comme Kepler et Descartes ont montré que cela se produit dans le cas de la réflexion de la lumière [369].

Le boulet commencera donc à tomber dès qu'il sort de la bouche du canon. Son mouvement horizontal n'entrave ni ne gêne son mouvement vers le bas. Il en est de même dans le cas de la rotation de la terre. Le mouvement du rayon sur lequel le corps qui tombe descend vers la terre (le mouvement de la terre) n'affecte pas le mouvement vers le bas. Il sera donc physique et réel. Pour l'intensité du choc, il n'y a à tenir compte que du mouvement vers le bas — le mouvement horizontal, commun à la terre et au corps en question, n'a aucun effet. On ne peut atteindre un homme qui court devant vous avec la même vitesse que celle avec laquelle vous courez après lui [370].

L'argument de Riccioli est sans valeur. Il n'a pas mieux réussi que d'autres à démontrer que la terre est en repos. Il est en effet impossible de le faire, parce que dans les deux cas — que la terre se meuve ou non — tous les phénomènes observables par nous seraient exactement identiques. Pour trouver une différence, il faudrait regarder la terre du dehors, ce que nous ne pouvons faire.

Bien entendu, Stefano degli Angeli accepte l'immobilité de la terre. Mais c'est seulement la foi, foi dans l'inspiration infaillible de la Sainte Église, qui peut nous assurer de ce fait, non les arguments du Père Riccioli.

Nous voici donc revenus, ou peu s'en faut, à notre point de départ. Il ne faut cependant pas nous plaindre. Nous avons suivi un chemin intéressant. En étudiant cette longue discussion sur la trajectoire de la chute des corps *dans l'hypothèse du mouvement de la terre,* nous avons eu un aperçu de l'état de la science physique et du développement de la pensée scientifique à un moment extrêmement important, le moment même où Hooke et Newton portent leur attention sur ce problème.

En fait, cette succession d'épisodes constitue un *Prélude à Newton.*

369. *Ibid.*, 72, 73.

370. *Ibid.*, 77, 81. Stefano degli Angeli reproduit un exemple de Borelli. Il est curieux que le Père Stefano ne s'aperçoive pas que, en s'opposant à ce qu'un « pouvoir d'expulsion » soit attribué à la terre, il se range en fait du côté de Riccioli contre Borelli.

ANNEXE

A. — RAPPORT DE J. GREGORY (texte original)

[*supra*, p. 85 et sq.]

An Account *of a Controversy* betwixt Stephano de Angelis, *Professor of the Mathematics in* Padua, *and* Joh. Baptista Riccioli *Jesuite; as it was communicated out of their lately Printed Books, by that Learned Mathematician Mr.* Jacob Gregory, *a Fellow of the* R. Society. [130]

Riccioli in his *Almagestum Novum* pretends to have found out several new demonstrative Arguments against the Motion of the Earth. *Steph. de Angelis,* conceiving his Arguments to be none of the strongest, taketh occasion to let the world see, that they are no more esteem'd in *Italy,* than in other places. *Manfredi,* in behalf of *Riccioli,* endeavours to answer the Objections of *Angeli,* and this latter replyes to *Manfredi's* Answer. The substance of their discourse is this following.

Although the Arguments of *Riccioli* may be many, yet the strength of them consists chiefly in these three:

The *First.*

Multa corpora gravia, dimissa per Aerem, in Plano Aequatorio existentem, descenderent ad Terram cum Velocitatis Incremento reali et notabili; et non tantum apparenti. Sed si Tellus moveretur motu diurno tantum circa suum centrum, nulla corpora gravia, dimissa per Aerem, in Plano Aequatoris existentem, descenderent ad Terram cum velocitatis incremento reali ac notabili, sed tantum cum apparenti. E [rgo] Tellus aut non movetur, aut non movetur diurno tantum motu. [131]

The *Second.*

Si Tellus moveretur motu diurno, aut etiam annuo, multo debilior esset ictus Globi bombardici explosi in Septentrionem aut Meridiem quam ab Occidente in Orientem. At consequens est falsum. E [rgo] et antecedens.[132]

The *Third*.

Si Tellus diurna revolutione moveretur, Globus argillaceus unciarum 8 ex altitudine Romanorum pedum 240, per aerem quietum dimissus, obliquo descensu in Terram delabetur absque incremento reali ac physico velocitatis, vel certe numquam tanto, quanta est proportio percussionis ac soni per casum ex dicta altitudine facti. Sed posterius est absurdum. E [rgo] et prius.[133]

In Answer to the first of these Arguments, *Angeli* denies the *minor,* which *Riccioli* pretends to prove thus:

Si Tellus moveretur solo diurno motu, aliquod grave, dimissum ex Turris vertice C in plano Aequatoris existentis, describeret suo motu naturali portionem lineae CTI, quae esset ad omnem sensum circularis.[134] [Fig. 14.]

This Angeli denies showing by Computation, that Riccioli his Observation proves no such thing. For (saith Angeli) according to Riccioli, in one second of an hour the weight descends 15 foot; in 2 seconds, 60 foot; in 3 seconds 135 foot and so continually the spaces from the beginning are in duplicate proportion of the Time from the beginning; and according to the same Author, AB (the *semidiameter* of the Earth) is of 258700000 foot, and BC (the height of the Tower of the *Asinelli* in *Bononia*) of 240 foot; and therefore AC is as 258700240, which hath the same proportion to FS, 15 foot, to wit, ye fall in one second, which AC in parts 20000000000 hath to FS $11596 \frac{54356}{224189}$; but supposing, with Riccioli, CSIA a semicircle, FS is 53 parts of which AC is 10000000000: Hence concludeth *Angeli,* that CSIA is no wayes near to a *semicircle;* which is most sure, if so be the weight falls not to the Center of the Earth precisely in 6 hours: For, in this case of *Riccioli,* the weight falls to the Center of the Earth in 21 *minutes* and 53 *seconds.*[135]

Manfredi in his Answer for *Riccioli* affirms, that *Angeli* understands not the Rule of Three, in giving out FS for 11596 $\frac{54356}{224189}$, of which AC is 20000000000: And *Angeli* in his Reply affirms his Analogy to be so clear, that there can be nothing said more evident than it self to confirm it; referring in the mean time to the further determination to geometers.

Angeli might have answer'd *Riccioli*'s Argument, granting the weight to move equally in a *semicircle,* by distinguishing his *Minor* thus :

Nulla corpora gravia descenderent ad Terram cum velocitatis incremento reali ac notabili, si Velocitas computetur in circumferentia semi-circuli ; *Minor* propositio est vera. At non computatur ita motus descensivus : nam hic motus aequalis in circumferentia semi-circuli CIA, componitur ex motu aequali in quadrante CD, et motu accelerato in semidiametro mobili CA, et hic motus acceleratus in semi-diametro est verus et simplex motus descensivus ; in qua acceptione Minor proposito est *falsissima* et Riccioli *etiam experientiis contraria.* [136] But it seems that Angeli answers otherwise, to make *Riccioli* sensible, that CIA is no semi-circle ; concerning the nature of which Line they debate very much throughout the whole discourse. [137]

The *second* Argument is much insisted upon by *Angeli,* to make his solution clear to vulgar capacities ; but the substance of all is, that the Cannon-ball hath not only that violent motion, impressed by the Fire, but also all these motions proper to the Earth, which were communicated to it by the impulse received from the Earth : for the Ball, going from West to East, hath indeed two impulses, one from the Earth, and another from the Fire ; but this impulse from the Earth is also common to the mark, and therefore the Ball hits the mark only with that simple impulse received from the Fire, as it doth being shot towards the North or South ; as *Angeli* doeth excellently illustrate by familiar examples of Motion. [138]

To *Riccioli* the *third* Argument Angeli answereth, desiring him to prove the sequel of his *Major,* which *Riccioli* doeth, supposing the *curve* in which the heavy body descends, to be composed of many small right lines ; and proving, that the motion is almost always *equall* in these lines ; and after some debate, concerning the equality of motion in these right lines, *Angeli* answers, that the *equality* of *motion* is not sufficient to prove the *equality* of *percussion* and sound, but that there is necessary also *equal angles* of *incidence ;* which in this case proveth to be very *unequal.* To illustrate this more, let us prove, that, other things being alike, the proportion of two percussions is composed of the direct proportion of their *velocities,* and of the direct proportion of the *Sines* of their angles of incidence. [139] *Supponamus* autem sequens principium, nempe quod percussiones (caeteris paribus) sint in directa proportione cum velocitatibus, quibus mobile appropinquat planum resistens. [Fig. 15.] Sit planum CF, sintque duo mobilia omni modo aequalia, et similia, quae motu aequali accedant a puncto A, ad planum CF, in rectis AD, AF ; dico, percussionem in puncto D ad percussionem in puncto F esse in ratione composita ex ratione velocitatis in recta AD, ad velocitatem in AF, et ex ratione sinus anguli ADE ad sinum anguli AFE. Ex puncto A in planum CF sit recta AE normalis, sitque recta AC aequalis rectae AF et AB aequalis rectae AD et planum BGH, parallelum plano CF : supponamus mobile, prioribus simile et aequale, moveri aequaliter in recta AC, eadem velocitate, qua movetur mobile in recta AD : quoniam plana BGH, CF, sunt parallela, et motus in recta AC est aequalis, igitur mobile eadem velocitate accedit ad planum BH, qua ad planum CF, et proinde percussiones in punctis B, C, sunt aequales ; atque percussio in puncto D, est ad percussionem in puncto B, ut recta AE ad rectam AH, seu (ob aequales rectas AD, AB) ut sinus anguli ADE *ad sinum anguli* ABH, quod sic probo ; velocitas mobilis in recta AD, est aequalis velocitati mobilis in recta AB, ipsi AD aequali, et ideo eodem tempore perficitur utraque recta AD, AB ; et proinde eodem tempore perficiuntur accessiones ad plana resistentia CF, BH ; ideoque velocitates accessionum ad plana resistentia sunt in directa ratione AE ad AH, atqui ideo percussio in puncto D est ad percussionem in puncto C in eadem ratione AE ad AH ; nempe ut sinus anguli incidentiae ADE, ad sinum anguli incidentiae ACE, vel AFE. Quoniam autem rectae AC, AF aequaliter, inclinant ad planum CF, mobilia in rectis AC, AF accedunt ad planum CF, in eadem proportione qua moventur in rectis AC, AF ; et ideo percussio in C est ad percussionem in F in ratione velocitatis motus in AC seu in AD ad velocitatem motus in AF ; At demonstratum est ante, percussionem in puncto C, ad percussionem in puncto F esse in ratione sinus anguli ADE ad sinum anguli AFE, et nunc demonstratum est, percussionem in puncto C esse ad percussionem in puncto F, ut velocitas motus in AD ad velocitatem motus in AF. Igitur ex 5 defin. 6 Elementorum, percussio in D est ad percussionem in F, in ratione composita ex ratione sinus anguli incidentiae ADE, ad sinum anguli incidentia AFE, et ex ratione velocitatis in AD ad *velocitatem* in AF ; quod demonstrare oportuit. Neminem moveat, quod haec demonstratio adstricta sit motibus aequalibus in lineis rectis et planis resistentibus ; est enim vera in omni casu : nam, cum percussiones fiant in puncto, in hoc coincidunt rectum, curvum, aequale, et inaequale ; si autem in punctis percussiones non fiant, de illis non potest dari consideratio geometrica, sed judicantus est conclusionis defectus secundum defectum materiae a conditionibus requisitis, sicut semper fieri debet, dum demonstrationes geometricae corpi physico applicantur.[140]

In *Angeli* his reply to *Manfreddi,* he maketh mention of an Experiment, which (as was related to him by a *Swedish* Gentleman) had been made with all due circumspection by *Cartesius* to prove the *Motion* of the *Earth.* The experiment was ; He caused to be erected a Canon perpendicular to the Horizon ; which being 24 times discharged in that posture, the Ball did fall 22 times towards the *West,* and only twice toward the *East.* [141]

B. — BORELLI

Texte original du passage du *De Vi Percussionis*
[*supra* p. 96 et sq.]

« Occasio postulat, ut aliquid innuamus de motu mixto ex transversali circulari aequabili, et ex perpendiculari descensivo uniformiter accelerato versus centrum ejusdem circuli, qui motus neque per circuli peripheriam fit, neque per parabolam, neque per helicam peculiarum ejus naturae, quam aliqui recentiores putarunt. Sit circulus *AB* cujus centrum *C,* moveatur vero corpus *A* impetu transversali circulari per *AB,* sed aequabili, descendat simul versus centrum *C* motu uniformiter accelerato, efficiet quidem transitum curvum *CGH,* quem circularem non esse praecise facile demonstrari potest, quia descensus haberent, quam habent sinus versi semissum arcuum excursorum, *AH* et *AG* et ideo haberent proportionem minorem quam duplicatam temporum, quod est falsum ; similiter non esse parabolam perspicuum est ; remanet postrema sententia existimantium esse helicam non difformem ab Archimedea, nisi tantummodo in motu accelerato versus centum, putant igitur temporibus aequalibus circa centrum *C* pertransiri angulos aequales *ACG,* et *CGH,* quibus aequalibus temporibus percurrunt spatia *AD* et *DH* quae sunt in ratione unius ad 3. Sed praedicti auctores non animadverterunt se in hypothesi assumpta non persistere, supponunt // enim eodem impetu transversali mobile *A* moveri et siquidem grave *A* perpetuo permanerit in peripheria *AB* profecto temporibus aequalibus percurreret spatia aequalia subtendentia angulos aequales ad centrum, at quia mobile perducitur ad circumferentias circulorum continenter decrescentium fit ut spatia illa inter se aequalia quae ab impetu perseverante ejusdem roboris percurruntur subtendant successive angulos majores ad centrum ; quare si primo tempore mobile excurrit spatium *DG* secundo tempore ei aequali percurret spatium *IH* aequali ipsi *DG* et quia hujusmodi spatia aequalia mensurantur non in eodem, sed in divertis circulis inaequalibus fit ut angulus *ACG* minor sit angulo *GCH*, et proinde anguli praedicti successive crescunt prout distantia a centro *G* diminuuntur non tamen eadem proportione ut facile ostendi posset, unde constat curvam lineam *AGH* non esse regularem. »

INDEX DES NOMS

TABLE DES MATIÈRES

IMPRIMERIE A. BONTEMPS

LIMOGES (FRANCE)

Dépôt légal : 2e trimestre 1973